国家自然科学基金面上研究项目资助
河北省自然科学基金面上研究项目资助

含磷化合物
抑制煤自燃阻化机理

王福生　董宪伟　侯欣然　著

北　京
冶金工业出版社
2019

内 容 提 要

本书通过采用次亚磷酸钠、磷酸二氢钠、磷酸三钠和磷酸铝 4 种无机磷化合物和苯基次膦酸、甲基膦酸二甲酯、2-羧乙基苯基次膦酸 3 种有机磷化合物进行煤阻化实验，宏观上分析含磷化合物对煤自燃的阻化作用，并通过傅里叶变换红外光谱实验，从微观上讨论含磷化合物在煤自燃氧化阻化过程中活性基团变化规律，最后通过同步热分析实验，分析阻化前后煤样的热特性曲线变化以及含磷化合物抑制煤自燃氧化热动力学。本书阐述的煤自燃整个过程中含磷化合物的阻化机理为研制新型阻化剂提供理论基础。

本书可作为高等院校矿业工程、安全工程等相关专业的教学用书，也可供矿业安全领域的科研院所及企业的研究人员、技术管理人员阅读参考。

图书在版编目 (CIP) 数据

含磷化合物抑制煤自燃阻化机理/王福生，董宪伟，
侯欣然著. —北京：冶金工业出版社，2019.6
ISBN 978-7-5024-8176-6

Ⅰ.①含… Ⅱ.①王… ②董… ③侯… Ⅲ.①磷化物
—作用—煤炭自燃—研究 Ⅳ.①TD75

中国版本图书馆 CIP 数据核字（2019）第 144423 号

出 版 人　谭学余
地　　址　北京市东城区嵩祝院北巷 39 号　邮编　100009　电话　(010)64027926
网　　址　www.cnmip.com.cn　电子信箱　yjcbs@ cnmip.com.cn
责任编辑　张耀辉　王梦梦　美术编辑　吕欣童　版式设计　禹　蕊
责任校对　卿文春　责任印制　牛晓波
ISBN 978-7-5024-8176-6
冶金工业出版社出版发行；各地新华书店经销；固安华明印业有限公司印刷
2019 年 6 月第 1 版，2019 年 6 月第 1 次印刷
169mm×239mm；7.5 印张；144 千字；110 页
52.00 元

冶金工业出版社　投稿电话　(010)64027932　投稿信箱　tougao@cnmip.com.cn
冶金工业出版社营销中心　电话　(010)64044283　传真　(010)64027893
冶金工业出版社天猫旗舰店　yjgycbs.tmall.com
（本书如有印装质量问题，本社营销中心负责退换）

前　言

煤矿井下生产过程中存在着许多危险因素，其中煤的自燃发火就是主要的灾害之一。通常矿井防灭火的措施主要包括煤层注水、灌浆、堵漏、喷洒阻化剂、均压通风、注胶体、注惰性气体等多种技术手段。其中，利用阻化剂防治煤炭自燃因成本低、工艺简单而成为国内外常用的防灭火技术手段之一。目前在煤自燃阻化技术研究方面，主要从煤的自燃机理研究入手，在揭示煤的化学结构、煤氧吸附机制、煤中活性基团氧化与自身反应过程、煤自燃逐步自活化反应机理的基础上开展煤自燃阻化机理研究，以及选择和研发不同种类的阻化剂，开展防火灭火工作。磷系化合物阻燃剂因具有高效、无烟、低毒、无污染的特点，已在聚氨酯、聚氨基甲酸乙酯泡沫、环氧树脂、多酯类与尼龙等方面得到广泛应用。煤作为一种有机高分子聚合物，其燃烧性质与上述物质具有相同之处，通过实验室初步研究发现磷系阻燃剂对煤的自燃也具有阻化作用，磷系化合物具有高效、无卤、环保等特点，因而受到关注。因此，我们开展了磷系阻化剂对煤自燃的阻化作用相关研究。

基于此，本书以同一煤样添加不同种类、不同浓度无机和有机磷化合物为对象，采取煤化学、热力学、物理化学、有机化学、应用化学及煤矿安全技术等方法，以程序升温-气象色谱联用、红外光谱、电子顺磁和同步热分析实验为载体，展开磷化合物对煤自燃阻化作用的研究和分析，定性定量的得出磷化合物抑制煤氧化自燃的机理及作用，从而为实际生产中煤自燃火灾的预防治理工作提供可用性参考及意见。本书内容能丰富现有煤自燃阻化理论，促进防治煤自燃新方法、新技术的开发。

　　本书出版得到了国家自然科学基金面上研究项目（51474086）、河北省自然科学基金面上研究项目（E2014209138）的资助，在此表示衷心的感谢。

　　本书由华北理工大学矿业工程学院的王福生、董宪伟和侯欣然撰写，全书由王福生统稿。在本书撰写过程中引用了许多专家学者和相关研究人员的研究成果和论著，作者在此深表感谢。华北理工大学硕士研究生赵雪琪、位咏、寇雅芳、王建涛、张志明、温志超等在本书的撰写过程中都提供了帮助，在此一并表示感谢。

　　由于作者水平所限，书中不妥之处，敬请广大读者批评指正。

作　者

2019 年 4 月

目 录

① 绪 论

1.1 概述

煤矿井下生产过程中存在着许多危险因素，其中煤的自燃发火就是重要的灾害之一，在我国大约 56% 的矿井中都存在自燃发火的危险，这也是酿成矿井火灾最主要的根源。据有效数据统计，九成以上的矿井火灾都是由于煤炭的自燃而引发的。随着高科技高效能的新兴技术出现发展，对矿井的开采强度日益加大，因而采空区不断增大，井下通风更加困难繁杂，从而使煤自燃发火进一步成为危害矿井安全生产的重大灾害[1]。

通常矿井防火灭火的措施主要有煤层注水、灌浆、堵漏、喷洒阻化剂、均压通风、注胶体、惰性气体等多种技术手段。其中，利用阻化剂防治煤炭自燃因成本低、工艺简单而成为国内外常用的防灭火技术之一。目前在煤自燃阻化技术研究方面，主要从煤的自燃机理研究入手，在揭示煤的化学结构、煤氧吸附机制、煤中活性基团氧化与自身反应过程、煤自燃逐步自活化反应机理的基础上开展了煤自燃阻化机理研究，选择和研发不同种类的阻化剂，开展防火灭火工作。磷系化合物阻燃剂因具有高效、无烟、低毒、无污染的特点，已在聚氨酯、聚氨基甲酸乙酯泡沫、环氧树脂、多酯类与尼龙等方面得到广泛应用。煤作为一种有机高分子聚合物，其燃烧性质与上述物质具有相同之处，通过实验室初步研究发现磷系阻燃剂对煤的自燃也具有阻化作用，磷系化合物因具有高效、无卤、环保等特点受到关注。本书主要介绍磷系阻化剂对煤自燃的阻化作用相关内容。

磷系阻化剂种类繁多，煤分子的组成成分及结构也十分复杂，为使煤氧化自燃得到更好的抑制，需深入了解高效能的阻化剂[2]。基于此，本书对同一煤样添加不同种类、不同浓度无机和有机磷化合物采取煤化学、热力学、物理化学、有机化学、应用化学及煤矿安全技术等方法，以程序升温-气象色谱联用、红外光谱、电子顺磁和同步热分析实验为载体，阐述磷化合物对煤的自燃阻化作用，以及定性定量得出磷化合物抑制煤氧化自燃的机理及作用，从而为实际生产中煤自燃火灾的预防治理工作提供可用性参考及意见。本书内容能丰富现有煤自燃阻化理论，更能促进防治煤自燃新方法、新技术的研究。

1.2　煤炭自燃机理研究现状

从 17 世纪开始，国内外的专家学者就开始着手研究煤矿自燃的机理，经过不懈的努力和探索，提出了很多种学说来解释煤矿自燃问题，但具有代表性的主要有：黄铁矿导因学说、细菌导因学说、酚基导因学说、煤氧复合学说[3]。

黄铁矿导因学说最先在 17 世纪由英国人 Plolt 和 Berzelius 提出，用来解释煤自燃的原因，其理论为：煤层中的黄铁矿（FeS_2）与空气中的水分和氧相互作用，放出热量使煤体持续升温，从而达到煤氧化反应所需温度，导致煤的自热与自燃。细菌导因学说在 1927 年由英国学者 M. C. Potter 等人提出。其主要观点是：煤在细菌的作用下发酵，放出热量导致煤的自燃。但有另一部分学者于 1934 年认为煤的自燃是细菌与黄铁矿共同作用的结果。酚基导因学说在 1940 年由苏联学者特龙诺夫（Б. В. Троиов）提出：酚基化合物→吸附氧→热量，即煤的自燃是煤体内不饱和的酚基化合物强烈地吸附空气中的氧，同时放出一定的热量所致。煤氧复合学说认为原始媒体暴露于空气中后，与空气中的氧气发生氧化反应并且放出热量，当储热条件合适时，煤体就开始不断地升温，达到煤的着火点时就开始燃烧。

煤氧复合学说被大家所认可，后来有些专家又提出了一些新的学说，比如：电化学作用学说、氢原子作用学说、基团作用理论[4,5]。近年来国内学者在确定煤的吸氧量和耗氧速度等方面做了大量的研究，以余明高、徐精彩教授为代表的中青年学者，从宏观上应用数学方法定量推导了煤的耗氧速率、放热强度与煤自燃的关系[6,7]。李增华、位爱竹、杨永良等人在研究煤炭自燃过程中自由基的变化时发现，煤体粒径越小、氧化温度越高、氧化时间越长，煤自由基浓度越大；随温度的升高，煤体表面会生成新的自由基，链反应和链的激发加快，稳态自由基参与反应，生成更多的自由基[8]。

近十多年来，国内外学者从不同角度、采用不同方法对煤自燃机理进行了研究，取得了一些新进展[9~11]。比如：孙艳秋等人[12]研究发现，在低温时甲基侧链很容易氧化生成甲烷；从 100℃ 至 300℃，$R—CH_2—CH_3$ 被快速氧化，生成甲烷、水、一氧化碳和二氧化碳；与苯环相连的 $—CH=CH_2$ 被氧化成乙烯；300℃以后，苯环断裂又生成大量的 $—CH=CH_2$ 基团。黄庠永等人[13]在研究颗粒粒径对煤表面羟基官能团的影响时发现，煤表面存在一部分自由羟基。李林、B. B. Beamish、陆伟等人[14~16]对煤自燃过程温度和活化能变化规律的研究，提出了煤自燃逐步自活化反应机理：煤中具有多种不同氧化能力的官能团，煤与氧气一接触就会发生物理吸附和化学吸附，同时放出热量，使煤中需要活化能较低的官能团被活化，进而与氧气发生化学反应，释放出更多的热量，又使需要更大活化能的结构和官能团活化而发生氧化反应，使煤体温度不断升高，达到着火点导致煤自燃。戚绪尧[17]研究了煤样中的活性基团氧化和自反应过程，发现煤的自燃不只是由煤氧复合反应引起的，在煤炭自燃的过程中还有活性基团自反应的参与，两者具有共生互存、相互促进的关系，并对煤自燃过程中产生的气体产物的形成过程做了推导。文虎、鲁军辉等人[18]通过对不同低变质煤种在自然升温过程中的自燃特性参数进行研究，结果发现，在相同的温度条件下，甲烷的生成速率随着煤种变质程度的加深而不断增大，而放热强度呈现出先下降后升高的趋势。张嬿妮[19]通过对煤样氧化自燃的微观特性及其宏观表征进行了研究，将不同种煤样的宏观特征变化规律与其微观特性变化规律之间对应起来，得出了煤样氧化自燃的宏观特性参数的微观解释。刘乔、王德明、仲晓星等人[20]通过对煤样自燃过程中指标气体的生成规律进行研究，结果发现 C_2H_4 和 C_2H_4/C_2H_6 刚开始出现时的临界温度以及 C_3H_8/C_2H_4 比值峰值点的温度与煤样由低温缓慢氧化到加速氧化的临界温度具有一致性，都可以表明在此时煤样氧化已经进入了剧烈氧化阶段。王德明、辛海会、戚绪尧等人[21]针对煤结构及其反应的复杂性，在综合分析煤中活性基团种类、结构形式及其在反应中转化特性的基础上，构建了煤自燃中的活性结构单元，采用前线轨道理论和量子化学计算分析了活性位点上的电子转移及其完整反应路径、活化能及放热量，建立了煤自燃过程中的 13 个基元反应及其反应顺序和继发性关系，揭示了以氧气引发的持续将煤中原生结构转化为碳自由基并释放气体产物的低活化能链式循环的煤氧化动力学过程，提出了煤氧化动力学理论，阐明了煤自燃产热产物的反应机理。

到目前为止，所有的研究成果，还没有很好地揭示煤炭自燃的本质规律。研究手段和研究方法明显低于科学技术的总体发展水平，多数成果停留在定性研究水平。对煤炭自燃的发生、发展和演化规律缺乏系统深入研究。应用化学反应机理理论和量子化学研究煤在常温氧化条件下发生氧化反应过程中煤的分子化学结构、化学键断裂及其形成规律的研究，近几年虽然做了一些工作，但有待于更为深入的研究。这种方法能更好地从本质上揭示煤炭自燃的本质规律，因而成为国内外学者考虑研究的趋势和热点[22,23]。

针对目前国内外煤炭自燃机理学说存在的缺陷，应用量子化学理论和红外光谱等手段，王继仁教授从微观角度研究了煤的分子结构、煤表面与氧的物理吸附和化学吸附机理、煤中有机大分子与氧的化学反应机理、煤中低分子化合物与氧的化学反应机理，并用实验的方法加以验证，建立了新的煤炭自燃理论，称为"煤微观结构与组分量质差异自燃理论"[24]。

煤矿自燃的主要条件是漏风、氧化、储热。煤自燃的过程就是一种依靠本身物理吸附热及氧化产热不断使煤体内需要不同活化能的官能团活化与氧气发生反应，同时不断放出热量，在具备蓄热条件下，煤体温度达到着火点而发生燃烧的现象和过程[25,26]。

1.3 煤自燃阻化机理及阻化技术研究现状

煤自燃阻化机理根据煤自燃的条件分为物理阻化和化学阻化，相应的阻化剂被称为物理阻化剂和化学阻化剂。其阻化机理分别如下[27]：物理阻化剂附着在煤体表面，吸收空气中的水分形成保护层，隔绝与氧气接触；水分蒸发时吸收热量，降低了煤炭表面的温度，起到了降温作用；通入惰性气体或通过化学药品自身的吸热分解释放出大量惰性气体，稀释煤体表面的氧气浓度，以达到阻止煤自燃发火的目的。化学阻化剂是通过破坏或减少煤体中反应活化能较低的结构，中断链式反应，防止煤自燃。

自从 20 世纪 60 年代开始，人们提出用阻化剂来防止煤自燃之后，就受到了重视，人们开始着重研究阻化剂。经过这些年的研究，阻化剂的种类有很多，比如防老剂 A 阻化剂、卤盐吸水液、铵盐水溶液阻化、粉末状阻化剂、氢氧化钙阻化液、硅凝胶、喷注石膏浆、高聚物阻化剂、灌浆阻化、惰性气体阻化、复合阻化剂等。

R. H. Smith[28] 在煤堆的底部注入 CO_2，隔绝氧气同时减少了煤体与氧气的接触，减少了煤的氧化反应热量的产生，温度达不到煤的着火点，自然不会发生燃烧，起到阻燃作用。A. C. Smith 等人[29] 以烟煤为试样，多种添加剂与烟煤进行自燃研究，发现抑制烟煤自燃效果最好的是硝酸钠、氯化钠、碳酸钙，其余的添加剂的效果不如这三种。Yukihiro Adachi 等人[30] 通过实验：在煤粉表面洒一定比例的胺基阳离子和非离子表面活性剂，发现煤的温度有所抑制，因为这些表面活性剂改善煤的湿润性能，有一定的阻化效果。杨运良、于水军、张如意等人[31] 利用煤炭与橡胶氧化的机理相似，便提出了把橡胶防老剂作为煤炭自燃氧化的阻化剂加入煤样中。研究表明，橡胶防老剂对煤样的氧化具有很好的阻化效果。把防老剂与吸水保湿性的无机盐进行组合成复合阻化剂，研究发现，复合阻化剂比单独使用阻化效果要好。彭本信[32] 以氯化镁、氯化钙、氯化锌等作为阻化剂，对煤进行阻化研究，并用活化能、活化中心等理论对各煤阶煤的阻化机理进行分析。高玉坤、黄志安、张英华等人[33] 通过程序升温实验研究了碳酸氢盐对煤样自燃的阻化效果，结果表明碳酸氢盐对煤样的自燃具有很好的阻化效果。司卫彬、王德明、曹凯[34] 在煤炭自燃机理研究成果的基础之上，首次提出了新型的羟基型高效阻化泡沫防灭火技术，并从宏观及微观角度分析了羟基型高效阻化泡沫的阻化效果以及阻化机理，同时也构建了羟基型高效阻化泡沫的防灭火系统。陈晓坤、宋先明等人[35] 介绍了一种利用超声波雾化技术形成冷气溶胶的原理，这种技术具有一般超细水雾和超细粉体灭火剂的防灭火机理，具有良好的防灭火效能。马超[36] 为了提高无机盐类阻化剂的防火效果，依据表面改性处理的方法，提出了新型的防灭火技术——高倍微胶囊阻化剂泡沫技术，并对这个新技术进行研究，并在矿井中进行实际的运用。结果发现，高倍微胶囊阻化剂泡沫防火技术具有成本低、工艺简单、适用范围广、防火效果显著等优点，具有很好的推广前景。肖辉、杜翠凤[37]研究了一种新型阻化剂，即以高聚物分子为阻化剂，以水玻璃、氧化钙、表面活性剂等作为添加剂，进行实验。研究发现，这种新型阻化剂具有很好的阻化效果，且阻化率在90%以上。王亚敏[38]以高锰酸钾、过氧化氢、过硫酸钠为阻化剂，对煤样进行阻化处理，通过程序升温和红外测试，观察煤样阻化前后的官能团的变化，结果发现其中加入过硫酸钠的煤样的阻化效果较好，可以通过减少亚甲基的量来减少CO的生成量。文虎、吴慷、曹旭光等人[39]为了预防高地温深井煤炭的自燃，提出了一种新的防灭火技术——灌注阻化惰泡防灭火技术。通过程序升温氧化实验，对煤样经过灌注阻化惰泡溶液处理前后的一氧化碳的生成率和耗氧速率的比值随着温度的变化规律进行了对比分析。研究发现，经阻化惰泡溶液处理过的煤样的氧化加速的临界温度推迟。且在高温时，原煤样的氧化性弱于经阻化惰泡溶液处理煤样的氧化性，能够在稳泡期内使采空区CO的生成量减少。这种新型的技术具有很好的阻化效果。王雪峰、邓汉忠、邓存宝等人[40]在阻化剂中加入缓蚀剂与润湿剂，研究它们的种类以及浓度对阻化效果的影响，并研究了阻化剂的喷洒工艺。研究发现，配制的混合型阻化剂溶液可以使煤的着火活化能提高，具有很好的阻化性能；喷洒工艺采取注氮和注气雾阻化剂一体化的方法，能够实现氮气和阻化剂防火的双重保险。邓军、吴会平、宋先明等人[41]介绍了气溶胶阻化剂雾化性能测试系统，选取通过对不同浓度的$NH_4H_2PO_4$、碳酸氢钠、氯化镁溶液进行雾化，从湿度、温度等方面进行对比分析研究。研究发现，其中3%碳酸氢钠溶液的雾化效果最好，25%氯化镁溶液的稳定性能最强。

　　虽然研究出这么多的阻化剂，由于各种阻化剂的物质组成及热塑性不同，阻化剂都有各自的特性[42]。

　　（1）防老剂A水溶性较差，其分散程度有很大关系，对煤自燃的阻化效果有很大影响，适当添加分散剂可提高防老剂A的阻化效果，然后才有较好阻化效果。

　　（2）卤盐吸水液具有很强的吸水性，能使煤长期处于潮湿状态，或形成水膜层隔绝氧气；但某些卤盐阻化剂一般需要较多的添加量，才能起到较好阻燃效果。

　　（3）铵盐水溶液阻化剂不仅有优良的吸湿性能，在自燃初期水分蒸发起到明显的降温作用，抑制煤自热的升温速率，而且能捕获煤氧化链反应中的自由基，遏制煤的低温氧化；然而随着温度的升高，这类阻化剂易于分解，在煤自燃后期的阻化效果较弱，且其分解生有刺激性的氨气，威胁人员健康。

　　（4）粉末状阻化剂同样会在高温时发生分解，使煤自燃后期阻化效果不明显。

（5）高聚物乳液阻化剂高温下高聚物也参与氧化反应，很快失去阻化作用，部分高聚物在低温下可形成稳定的固相膜层，并有隔氧阻化作用，但温度升到98℃后氧化放热，不仅失去作用，而且加速了煤自热。

（6）灌浆阻化在煤矿广泛采用，每年消耗大量良田，造成土地资源严重浪费。

（7）惰性气体阻化对小粒径煤的惰化阻化效果更好，但此技术需要提高空间的密闭性，否则惰性气体易泄漏，造成浪费，并且降低阻化效果。

（8）泡沫阻化剂由于泡沫最终要破碎，液膜难以持久存在于煤的表面，特别是在煤的顶部、侧面，所以要提高泡沫阻化剂的泡沫稳定性。

1.4　有机磷阻燃机理研究现状

常用的无机磷系阻化剂大体上包含聚磷酸铵、红磷以及磷酸盐等[12,13]。此中可用作阻化剂的无机磷化合物主要是磷酸盐、亚磷酸盐及次亚磷酸盐。磷酸盐主要含有磷酸铵、磷酸钠、磷酸铝、磷酸镁以及磷酸氢二钠等。磷酸铵是透明无色规则状物质，溶于水中并给其升温可转化为磷酸二氢铵。磷酸铵价格较低但效能高，普遍应用在纺织品、纸张、涂料和木材等材料的阻燃灭火工作中；磷酸氢二钠亦常用来阻止纺织物及木材等的燃烧；其他磷酸盐也可用于某些专门材料领域的阻燃灭火工作，相应的阻燃效率有待继续研究。实际中常涉及的亚磷酸盐主要包括有亚磷酸钠、亚磷酸铝、亚磷酸锌等。亚磷酸盐因其分子结构稳定从而耐高温，且亚磷酸盐容易制备、无毒无污染，因此普遍使用其作为无毒防锈材料。次亚磷酸盐主要包括次亚磷酸钠、次亚磷酸铝、次亚磷酸镁等，其常温溶解度大，溶解后可以产生自由电子来同氧气进行结合，减弱了原有化学反应增大了氧化反应所需活化能。无机磷化合物中磷元素易发生配合反应是阻化煤自燃的主要特性[14]。因而，开展无机磷化合物对煤自燃的阻化作用研究很有必要。

磷系阻燃剂是一种高效、无烟、低毒、无污染等特点的阻燃剂，主要对高分子化合物阻燃方面有很好的效果。含磷化合物的阻燃机理主要有以下三种被大家所认同[43~52]：

（1）气相阻燃。主要有两个作用：1）含磷化合物能在受热条件下分解成小分子量组分 P、PO、PO_2 和 HPO_2，由高聚物燃烧的链式反应理论可知，自由基是使燃烧持续所必需的，而 P、PO、PO_2 和 HPO_2 能够捕捉氢自由基和羟基自由基，降低了火焰的强度，减缓了燃烧链反应进程；2）在阻燃这个过程中，磷系阻燃剂产生的水蒸气有两方面的用处，即降低聚合物表面的温度和稀释气相火焰区可燃物的浓度，从而达到阻燃效果。

（2）协同阻燃机理：当一种含磷阻燃剂与另外一种协同剂并用时，产生的阻燃作用往往要大于由单一组分所产生的阻燃作用之和，这就是协同效应。两种作用于不同阻燃区域的阻燃剂之间有较好的阻燃协同作用。目前被实验所证实了的具有协同效应的有很多，如磷与卤协同、磷与磷协同等。硼-磷之间有最强的阻燃协同效应。

（3）凝缩相阻燃机理：在燃烧时，磷化合物分解生成磷酸液态膜，提高了聚合物的热稳定性。接着磷酸又进一步脱水生成偏磷酸，偏磷酸进一步聚合生成聚偏磷酸。生成的聚偏磷酸是强酸，具有很强的脱水作用，促使高聚物脱水炭化，降低材料的质量损失速度和可燃物的生成量，同时磷酸衍生物可作为热的吸收剂。

有机磷阻燃剂的作用机理为[53,54]：有机磷化物是添加型阻燃剂，主要是按凝聚相阻燃机理进行阻燃，当含有磷系阻燃剂的高聚物经高温或燃烧时，含磷化合物受热分解生成磷的含氧酸，生成的偏磷酸可形成稳定的多聚体，覆盖于复合材料表面隔绝氧和可燃物，同时这类酸能促进含羟基化合物的吸热脱水成炭反应，生成水和焦炭。脱水反应是吸热反应，而且脱水生成的水蒸气能稀释氧气和可燃气体的浓度；石墨状的焦炭层导热性差，使传递至基材的热量减少，基材分解减缓，同时，磷的含氧酸多为黏稠状的半固态物质，可在材料表面形成一层覆盖于炭层的液膜，能降低炭层的透气性和减少炭层的氧化。可用反应如下表示：

$$H_3PO_4 \longrightarrow HPO_2 + PO \cdot + 其他$$
$$PO \cdot + H \cdot \longrightarrow HPO$$
$$HPO + H \cdot \longrightarrow H_2 + PO \cdot$$
$$PO \cdot + \cdot OH \longrightarrow HPO + \cdot O \cdot$$

因此，有机磷系阻燃剂可以通过吸热冷却、气相稀释、形成隔热层和终止自由基链反应等途径达到对材料的阻燃。

有机磷阻燃剂大多具有低卤、低烟、无卤、无毒等优点，随着有机磷阻燃剂的发展良好趋势，其发展也具有良好的前景。有机磷阻燃剂包括磷酸酯、膦酸酯、亚磷酸酯、有机磷盐、氧化膦、磷杂环化合物及聚合物磷（膦）酸酯、含磷多元醇及磷-氮化合物等。目前使用最广泛的是磷酸酯和膦酸酯阻燃剂，每年对磷系阻燃剂的学术研究有很多。有机磷酸金属盐作为一种新兴的阻燃剂引起了人们的广泛关注。

1.5　无机磷阻燃机理研究现状

常用的无机磷系阻化剂大体上包含聚磷酸铵、红磷以及磷酸盐等[55,56]。此中可用作阻化剂的无机磷化合物主要是磷酸盐、亚磷酸盐及次亚磷酸盐。磷酸盐主要含有磷酸铵、磷酸钠、磷酸铝、磷酸镁以及磷酸氢二钠等。磷酸铵是透明无色规则状物质，溶于水中并给其升温可转化为磷酸二氢铵。磷酸铵价格较低但效能高，普遍应用在纺织品、纸张、涂料和木材等材料的阻燃灭火工作中；磷酸氢二钠亦常用来阻止纺织物及木材等的燃烧；其他磷酸盐也可用于某些专门材料领域的阻燃灭火工作，相应的阻燃效率有待继续研究。实际中常涉及的亚磷酸盐主要包括有亚磷酸钠、亚磷酸铝、亚磷酸锌等。亚磷酸盐因其分子结构稳定从而耐高温，且亚磷酸盐容易制备、无毒无污染，因此普遍使用作为无毒防锈材料。次亚磷酸盐主要包括次亚磷酸钠、次亚磷酸铝、次亚磷酸镁等，其常温溶解度大，溶解后可以产生自由电子同氧气进行结合，减弱了原有化学反应增大了氧化反应所需活化能。无机磷化合物中磷元素易发生配合反应是阻化煤自燃的主要特性[57]。因而，开展无机磷化合物对煤自燃的阻化作用研究很有必要。

现如今，在世界上主要以无机阻化剂以及溴系阻化剂作为最重要的消费使用产品，不过在燃烧过程中，溴系阻化剂可能会发散出 PBDF 或者 PBDD，可能会破坏正常人体器官的机能，并且人类的呼吸道将遭受严峻的伤害，甚至还可能引发窒息事件。磷系阻化剂的优势在于无卤或者低卤，较弱的腐蚀性、毒性以及更少的产烟量，不会对环境产生严重的威胁，获得的成本更低[58,59]。

从现有的消费利用状况来看，无机阻化剂的比例超过了 50%[60,61]，其中主要以无机硅、氢氧化镁、氢氧化铝以及无机磷为主。这当中，无机磷化合物不含卤素，不挥发，具有较强的热稳定性，阻燃效果持续性较强，因此被人们广泛选用。

目前在理论上被认可的，含磷阻化剂的高聚物阻化机理主要有以下三种[59,62]：

（1）抑制链反应。通过链反应理论发现，高聚物要不断地燃烧就离不开大量的自由基。而在高温作用时，磷化物将发生分解并且产生许多 P、PO、PO_2 以及 HPO_2 等小分子物质，它们的特点是可以捕捉羟基自由基以及氢自由基，缓解燃烧链的持续发展。

（2）覆盖作用。高温状态时，含磷化合物发生分解，先得到酸性液膜，使其热稳定性有所增强；继而液膜发生失水反应得到偏磷酸，它在高温条件下又可聚合为聚偏磷酸。因为它具有强酸性，因此可以对物质进行强脱水，让高聚物因为脱水而趋于炭化，在产生碳化层后可以避免聚合物受热分解，并且碳化层的包裹覆盖作用下，其本身热解形成的物质无法提供燃烧。

（3）吸热作用。受热时，磷系阻化剂将发生分解，并且形成磷酸衍生物与水蒸气，它们可以吸收体系中的热能，以降低可燃物表层温度，实现其阻化的目标。

煤的自燃与高聚物既有相似的地方，也存在一些区别。对比来说，煤分子结构更繁杂，针对煤施用的阻化剂除了要起到上述三种作用外，更要具备两点重要性能：（1）其对氧气的吸附能力要大于煤，确保可以延缓阻止煤原有的吸附作用；(2) 可以使煤分子具有更加稳定的结构。

近年来，有关磷系阻化剂的文献大量涌现，尤以专利文献居多，但就目前有关文献中报道的各种磷系阻化剂而言，无机磷类阻化剂最引人注目。因此，开展无机磷化合物对煤自燃的阻化作用研究，作为开发新型阻化剂所需理论支持很有必要。

② 无机磷化合物对煤氧化阻化作用

通过实验模拟煤氧化自燃全过程，并对加入阻化剂后不同煤样进行测试，收集释放出的气体进行测定，通过种类及含量之间的差别探究指标气体随温度上升的变化规律以及无机磷化合物的阻化作用。

2.1 煤样的选取与制备

2.1.1 煤样及无机磷化合物的选取

通过理论分析和查阅相关资料，选取了次亚磷酸钠、磷酸二氢钠、磷酸三钠和磷酸铝4种无机磷化合物，对应制得15%、17%、20%浓度的无机磷化合物阻化液，加入原煤样中形成阻化煤样。实验选用了烟煤中变质程度存在差异的肥煤（钱家营矿）和气煤煤样（东欢坨矿）进行实验研究。实验仪器采用程序升温-气相色谱联用实验装置。

次亚磷酸钠（$NaH_2PO_2 \cdot H_2O$）为无色结晶或白色颗粒。溶于水和乙醇，无水乙醇中微溶。受到强热时，生成的磷化氢若与氯酸盐或者氧化剂接触，易引起爆炸。

磷酸二氢钠（$NaH_2PO_4 \cdot 2H_2O$）为无色结晶或白色粉末。易溶于水，不溶于乙醇。在0~40℃之间稳定，受热至100℃失去结晶水。

磷酸三钠（$Na_3PO_4 \cdot 12H_2O$）为无色或白色结晶，在干燥空气中易风化，易溶于水，溶液呈强碱性，不溶于乙醇。该品对眼睛和皮肤有刺激性。

磷酸铝（$AlPO_4$）为无色六方晶体或白色无定型粉末。不溶于水，微溶于乙醇。熔点大于1500℃。室温至580℃时较为稳定。

此种选取方法既能获得同一煤样添加不同浓度种类的阻化剂，阻化前后自由基、活性基团随温度变化的规律，又可以得到不同变质程度煤阻化前后自由基、活性基团随温度的变化规律，通过双向对比，有助于实验结果和结论更加具有说服力和代表性。

2.1.2 煤样的制备

为了尽可能地预防实验前煤跟空气接触反应影响实验结果，所用煤样采集完毕均密闭储存，随即带回实验室。煤样制备具体步骤如下：

（1）缩分。参照实验要求，将质地均衡的煤样平分为性质一致的若干份，随机选取所需份数留作实验所需，进行下一步工作；其他部分全部弃用，这一系列操作称之为缩分。对实验中所需的范各庄肥煤和荆各庄气煤均采用缩分手段制备，确保实验最终所用到的煤样最大限度排除了个体差异，具有整体代表性，进而减少实验误差。

（2）破碎。探究有关领域实验结论可知，煤样粒径的大小直接关系到煤炭氧化特性，对煤样破碎时间愈久，煤样粒径就愈小。在其余条件相同情况下，煤体粒径愈小，跟空气中氧气的接触面积就愈大，更容易发生复合反应。本书涉及的程序升温-气相色谱联用实验、傅里叶变换红外光谱实验、电子自旋共振实验及同步热分析所用到的各煤样，在破碎过程中，对于粒径的选择及确定结合了上述因素及实验仪器设备自身要求。最终程序升温粒径选定为 0.5~0.25mm（35~60 目），红外光谱实验选定为 0.074mm（200 目）以下即可，电子顺磁共振实验及同步热分析实验选定为 0.25~0.18mm（60~80 目）。接着把缩分操作完毕的煤样置入破碎仪中破碎。

（3）筛分。破碎后的煤样置入对应目数的金属网筛中，完成筛分步骤，分别获得各实验对应选定粒径的煤样。

（4）阻化煤样制备。将次亚磷酸钠、磷酸二氢钠、磷酸三钠和磷酸铝四种无机磷化合物分别配成质量浓度为 15%、17%、20% 的无机磷化合物阻化液。将取筛分后的原煤样 80g，分别置于阻化液中浸泡一昼夜，并在室温条件下送入干燥箱中，干燥一昼夜。

完成上述四步操作，将制备完成的煤样放入标记过的通明密封袋中保存备用。

2.2 工业分析和元素分析

2.2.1 工业分析

工业上对煤样的分析测定分为 4 个部分：水分（M_{ad}）、灰分（A_{ad}）、挥发分（V_{ad}）和固定碳（FC）。工业分析原则上还包含对全硫分及发热量进行测定，统称全工业分析。煤的 M_{ad}、A_{ad}、V_{ad} 利用实验设备可直接记录到，而 FC 数值是无法从设备中看到的，需用公式（2-1）计算得到。测定中所提到的煤的固定碳 FC，指煤炭经过高温热解释出可挥发物后，剩余焦渣除去灰分 A_{ad} 所得。

具体公式为：

$$FC = 100 - M_{ad} - A_{ad} - V_{ad} \tag{2-1}$$

为排除其他因素对实验进行干扰，参照《煤样的制备方法》（GB 474—2008）将制备完毕原始煤样平均分成 3 份送入工业分析仪中，结果取平均值，见表 2-1。

表 2-1　煤样工业分析结果

名称	皮重 /g	总重 /g	样重 /g	水分 M_{ad}/%	挥发分 V_{ad}/%	灰分 A_{ad}/%
范各庄矿肥煤	5.5495	6.0464	0.4969	0.58	18.96	47.77
荆各庄矿气煤	5.5620	5.9899	0.4279	3.00	24.60	22.39

煤中的水分以游离水及化合水两种方式存在。一般情况下，工业分析结果所得数据指游离水含量。挥发分是象征煤炭变质程度的重要指标，大体上成反比关系，煤的变质程度愈高所含挥发分就愈少，灰分则是煤燃烧完毕之后余下的不可燃物质。

2.2.2　元素分析

元素分析常用来检测物质中各元素含量，通常情况下，用质量分数来表示。对煤炭的检测主要是确定其碳、氢、氧、氮、硫元素对应含量。煤的元素分析在实际应用里十分重要，其结果既可以显示煤的变质程度，又能求得热能的产出量，还可以推断热分解产物，上述均为实际应用中估算煤燃烧时放出热量的主要指标。

实验采用天津大学药学院的元素分析仪进行，选择粒径小于 0.074mm（200目）原始煤样，称重 2mg 送入仪器中，所得结果见表 2-2。

表 2-2　煤样元素分析结果　　　　　　　　　　　（%）

元素	N	C	S	H
肥煤	0.78	74.52	1.217	4.082
气煤	0.93	68.94	0.364	4.316

因为煤炭主要结构为官能团和侧链结构，其核心是多聚芳香环系统，主要成分为碳、氢、氧原子，除此之外还含有部分的氮原子和硫原子。内含有羧基、羟基和甲基等基团，表明煤炭的元素包含有碳、氢、氧、氮、硫及其他微量元素。

由表 2-2 可知，无论何种煤，碳元素均为所含各元素的重中之重，所得碳元素含量结果可以直接看作其在所有元素中所占比例。肥煤的变质程度要高于气煤，相应所含碳元素也多于气煤，同时其所含氢元素量却低于气煤。对于变质程度不同的煤种，相应的其组成结构亦不尽相同，同时其各元素含量就存在差别。变质程度相对愈高，煤中所含碳元素就愈多，对应的氢元素和氧元素含量就变少。与此同时，所含氮和硫的元素的量并没有呈现规律性的太大改变。

2.3 实验装置及流程

　　实验装置是由自制的程序升温箱和 KSS-5690A 型号气相色谱系统组成。程序升温由空气发生器和升温箱组成，升温箱内部装有煤样罐，煤样罐连有进气口、出气口、测温口，外部由转子流量计控制流量。KSS-5690A 型号气相色谱系统由氢气发生器、空气发生器、色谱仪和电脑软件组成（KSS-5690A 矿山专用气相色谱仪如图 2-1 所示）。取上述制好的 0.25 ~ 0.18mm（60 ~ 80 目）的煤样（80±0.01）g，装入程序升温箱的煤样罐中，煤样从室温 30℃ 升到 260℃，升温速率设定为 0.5℃/min，气流量为 120mL/min。其中，从 30℃ 到 160℃，每隔 10℃ 采一次气；从 160℃ 到 260℃，每隔 20℃ 采一次气。

　　程序升温-气相色谱联用装置如图 2-2 所示。

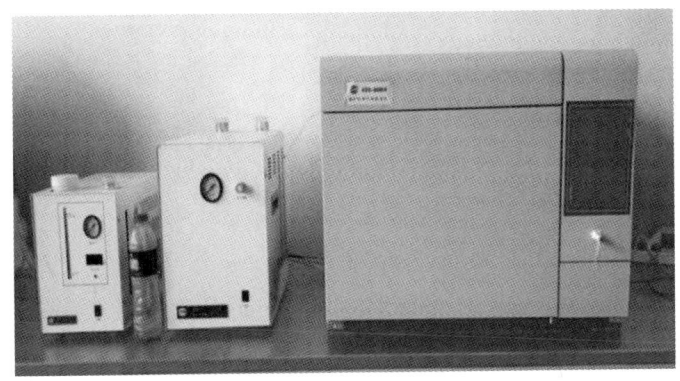

图 2-1　KSS-5690A 矿山专用气相色谱仪

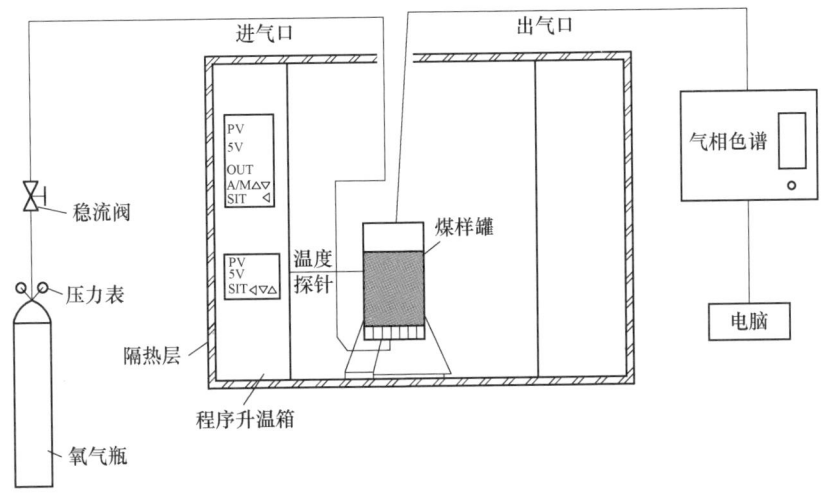

图 2-2　程序升温-气相色谱联用装置

本实验的流程如下：

（1）将称好的80g煤样装入煤样罐，在煤样的上方放一层玻璃棉，以防煤粉进入出气口堵塞气体流出。

（2）将装好煤样的煤样罐放入升温箱内，连接好进气口、出气口以及测温口，关上升温箱的门。

（3）打开升温箱和空气发生器的开关，对煤样进行升温加热，到所设定的温度点时，在出气口用气囊进行采集气体，将采集好气体的气囊用夹子夹好，以防漏气。

（4）将采集好的气体，注入调节完毕的色谱仪系统的进气口，经过色谱工作站进行分析。

2.4　实验结果分析

2.4.1　指标气体的选择

煤氧化自燃过程中产生的气体主要分成以下3类：

（1）碳氧化合物（CO和CO_2）。此中以CO气体最具指标性，其产生时间较早且在整个氧化自燃过程中均呈现规律性的释出，因此，CO气体无论是对于实验分析还是实际应用，都具有重要指示性意义。

（2）饱和烃（C_2H_6及C_3H_8）及其链烷比。此类气体释出量与煤体自身结构有关，检测到此类气体出现的温度点通常标志着反应加速的开始。

（3）各类不饱和烃。其主要包括C_2H_2及C_2H_4，此类气体产生量及其释出的温度点与煤体变质程度有关，不同煤样所得结果各不一样。

近年来排名在前列的各先进煤业国家对指标气体的考量标准各不相同，具体见表2-3。

表2-3　煤炭自然发火的指标气体

国　家	指　标　气　体
中国	CO、C_2H_4、I_{CO}（$=\Delta CO/\Delta O_2$）
日本	CO、C_2H_4、C_2H_4/C_2H_2、I_{CO}（$=\Delta CO/\Delta O_2$）、烟等
英国	CO、C_2H_4、I_{CO}（$=\Delta CO/\Delta O_2$）、烟等
德国	CO、I_{CO}（$=\Delta CO/\Delta O_2$）、烟等
美国	CO、C_2H_4、I_{CO}（$=\Delta CO/\Delta O_2$）、烟等

图2-3~图2-6显示出实验所用煤样低温氧化整个过程内各类指标气体产生与变化所对应的温度及浓度的关系。

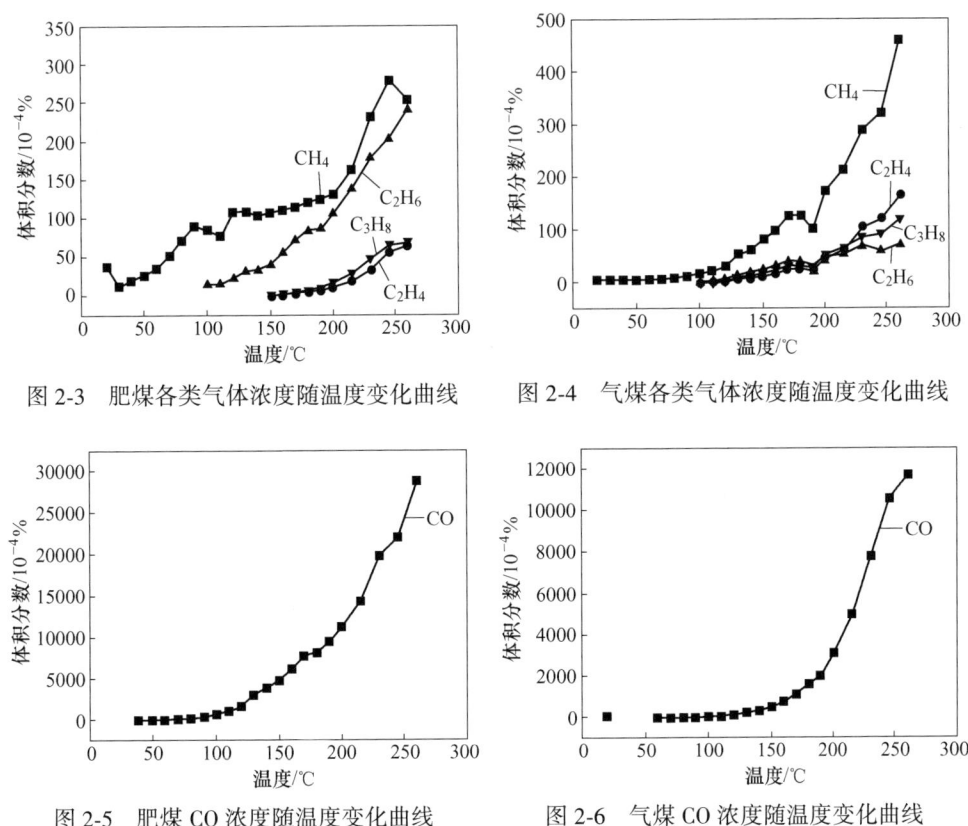

图 2-3 肥煤各类气体浓度随温度变化曲线　　图 2-4 气煤各类气体浓度随温度变化曲线

图 2-5 肥煤 CO 浓度随温度变化曲线　　图 2-6 气煤 CO 浓度随温度变化曲线

从图中能够观察到，各煤样检测到 CO 气体出现对应温度点均为 50℃附近；检测到甲烷 CH$_4$ 出现均在 20℃前后，这是因为煤体自身可吸附少量 CH$_4$，在成煤过程中各条件因素促使部分 CH$_4$ 存于煤体间。此类 CH$_4$ 部分吸附于煤分子间，其余处于煤体裂隙之中以游离形式存在，煤体自煤壁剥落下来，原生条件被打破，作用力发生改变，煤体暴露于外界环境之中，游离 CH$_4$ 快速释出。而吸附在分子间的部分 CH$_4$ 因吸附作用力的存在，并未释出而是继续留存。煤体温度逐渐上升，此类吸附 CH$_4$ 动能增大活性增强，可以摆脱分子作用力的束缚，于是脱附为游离态存在，进而从煤体中释出。所以，实验整个过程中不同时刻检测到的 CH$_4$ 很难确定是由何类甲烷发生反应而释出的，从而无法单凭此实验所得结果选定甲烷作为分析的指标气体，应参考后续试验，将加入无机磷化合物的阻化煤样与原煤样进行对比，分析其微观结构上发生的改变。微观与宏观实验结果结合，共同探究出在整个氧化自燃过程内阻化前后煤样的变化规律。检测到 C$_2$H$_6$ 气体出现在 100℃，C$_2$H$_4$ 气体出现在 125℃以后，C$_3$H$_8$ 气体则出现在 130℃以后，此类气体释出量较少且检测到的时间较晚，故不作为本实验研究所用指标气体。

　　CO 气体是指示火灾发生情况的重要气体，普遍应用于煤矿井下自燃火灾预警实际工作中。煤氧化自燃整个升温过程中均有一定量的 CO 气体释出，并呈现出其特有的规律性。氧化初期，煤体温度较低，氧化反应进行缓慢，产生的 CO 气体较少；升至 70~80℃ 阶段，CO 气体释出逐渐呈上升趋势；当煤温升高到150℃ 附近时，CO 气体释放量开始直线上升，且随煤体温度的升高增势迅猛，整个过程所呈规律性与温度一一对应。综上所述，CO 可作为优良的指标气体。本实验分析则选用 CO 作为指标气体，通过观测阻化前后其产生温度点及释出量的变化，联系本书后续实验研究中微观结构发生的改变，以期实现最终实验目标。

2.4.2　阻化效果分析

　　将各阻化煤样氧化自燃过程中产生的气体利用气相色谱仪分析，得出各组分浓度值。利用 Origin 绘出阻化前后各煤样随温度升高一氧化碳浓度变化曲线。

　　肥煤添加不同浓度无机磷化合物后所得曲线如图 2-7 所示。

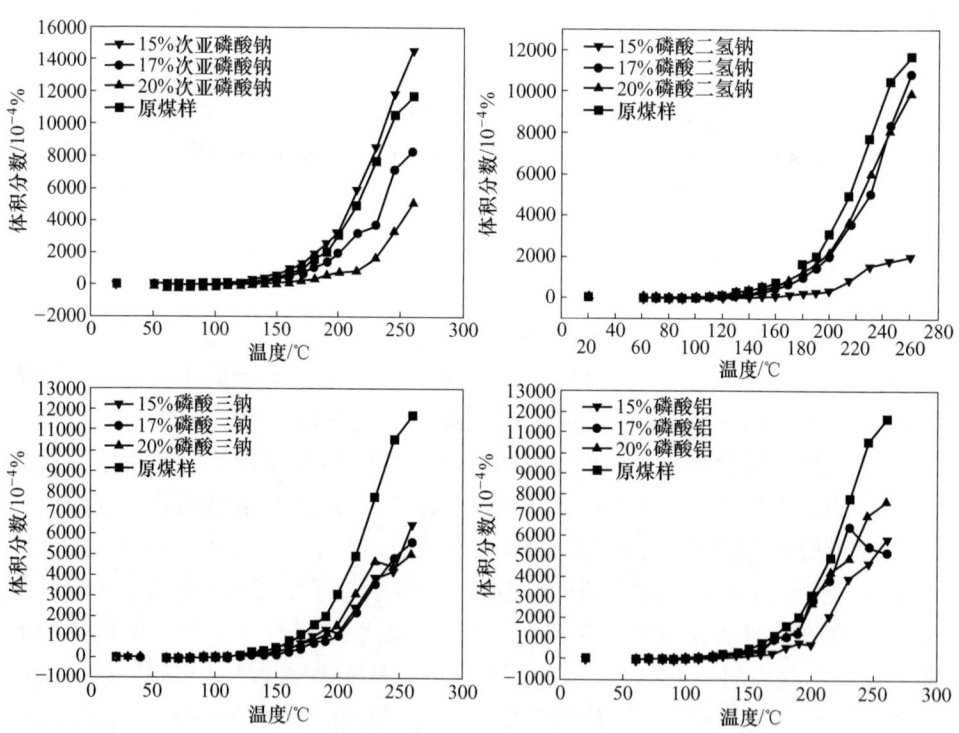

图 2-7　加入不同浓度的阻化剂肥煤煤样 CO 浓度随温度变化曲线

　　由图 2-7 可以看出，加入不同种类不同浓度无机磷化合物后，原煤样与阻化煤样检测到 CO 气体出现的温度点大体一致，都在 50℃ 附近；100℃ 以前，由于煤体内及空气中的水分子，无论添加了何种无机磷化合物阻化剂，其结果曲线与原煤样相比差别都不大，即此阶段无机磷化合物对 CO 释出量的改变不明显。温度超过 100℃ 以后，所含水分子发生汽化并不断加剧。同一时刻，显示屏显示出的煤体温度与试验炉内罐外温度差距增大，随着水分的汽化排出，对比原煤样发现，加入无机磷化合物的阻化煤样 CO 浓度逐渐低于原煤样。

添加不同浓度次亚磷酸钠阻化剂后，20%次亚磷酸钠阻化煤样 CO 气体释出量最少。添加 3 种不同浓度的次亚磷酸钠阻化煤样，CO 气体释出量变化趋势同原煤样保持一致，并且在氧化过程中，17%和 20%浓度的阻化煤样气体释出量均不同程度降低，此中以 20%浓度次亚磷酸钠呈现出的阻化效果最佳。

经不同浓度磷酸二氢钠阻化后，140℃ 前，与原煤样相比 CO 气体释出量基本一致；当温度超过 140℃，添加 17%和 20%浓度的磷酸二氢钠煤样气体释出量逐渐略低于原煤样，而 15%浓度的阻化煤样出现大幅下降趋势，阻化效果明显。

加入三种浓度的磷酸三钠煤样，整个实验阶段 CO 气体释出量均低于原始煤样，230℃ 前 17%浓度磷酸三钠阻化煤样气体释出量最少，效果较好；230 ~ 250℃ 之间，15%浓度的磷酸三钠阻化煤样出现转折，其 CO 释放量低于 17%浓度磷酸三钠阻化煤样的 CO 释放量；而 250℃ 之后，20%磷酸三钠阻化作用效果反而较好。

磷酸铝阻化煤样在 150℃ 之前的阶段，其 CO 气体释放量同原煤样趋势相比无太大差异；温度上升显现出，其中以 15%磷酸铝阻化效果最佳；当温度超过 230℃ 后，原煤样剧烈氧化，一氧化碳气体释出量大幅度线型增加，然而同时段的 17%浓度磷酸铝阻化煤样气体释出量却开始大幅下降，出现了相反的变化势态；温度升高到 250℃ 之后，17%浓度磷酸铝阻化煤样 CO 气体释出量最少。

气煤煤样添加不同浓度无机磷化合物后 CO 气体释出量与原煤样随温度变化曲线如图 2-8 所示。

煤中添加三种不同浓度次亚磷酸钠阻化剂之后，CO 气体释出量均低于原煤样，其中尤以 20%次亚磷酸钠阻化煤样 CO 气体释出量最少，阻化效果最好。

添加不同浓度磷酸二氢钠，100℃ 前与原煤样相比 CO 气体释出量基本一致；100℃ 后，磷酸二氢钠的阻化煤样 CO 气体释放量明显降低，且不同浓度降低趋势相似。添加不同浓度磷酸三钠后，100℃ 前同原煤样相比，CO 气体释出量也基本一致；100 ~ 230℃ 之间不同浓度阻化煤样 CO 释放量均明显降低且效果基本相同；230℃ 之后，15%磷酸三钠 CO 释放量出现大幅度下降，阻化效果最好。

各磷酸铝阻化煤样在低温阶段气体释出量均低于原始煤样，但之间并没有太大差异，此中以 20%阻化效果较佳；当温度处于 230 ~ 250℃ 之间时，添加 15%浓度磷酸铝煤样释出量出现转折，达到最低；紧接着 250℃ 后，20%磷酸铝阻化煤样 CO 气释出量又回到最低。综合来看仍以 20%磷酸铝阻化效果最佳。

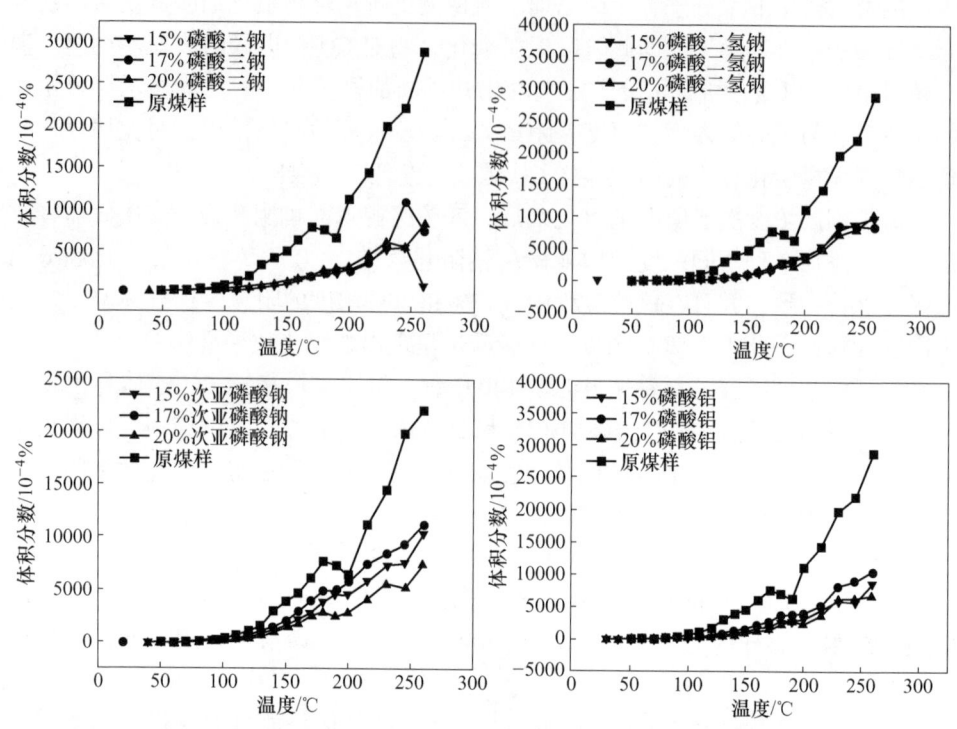

图 2-8　加入不同浓度的阻化剂气煤煤样 CO 浓度随温度变化曲线

　　整个升温氧化过程中，两个煤种产生的 CO 总体趋势不断增大。具体看来，在低温条件下，都先出现 CO，后消失，然后随温度的升高又不断增加，出现此种现象的原因可能是由于煤体中自身赋存了一部分 CO，在煤体中随低温释放出来，后出现的为氧化过程中真正反应产生的。添加不同浓度种类无机磷化合物后，指标气体均出现不同水平的下降，且随温度逐渐地上升，阻化煤样的一氧化碳释出量相较原始煤样下降势态越来越显著，表明了温度的增长有利于无机磷化合物对煤自燃的阻化作用。

2.5　无机磷化合物对煤炭氧化的阻化规律分析

　　阻化率大小计算采用公式（2-2）：

$$E = \frac{A - B}{A} \times 100\%$$（2-2）

式中　E——阻化率，%；

　　　　A——原煤样 CO 气体释出量总和，10^{-6}；

　　　　B——阻化煤样 CO 气体释出量总和，10^{-6}。

阻化率百分比愈大表示其阻止煤氧化自燃能力更强。

计算各浓度、种类无机磷化合物对煤氧化自燃的阻化率，结果见表 2-4。

表 2-4 不同无机磷化合物对应阻化率　　　　　　　（%）

煤 种	浓 度	次亚磷酸钠阻化率 E	磷酸二氢钠阻化率 E	磷酸三钠阻化率 E	磷酸铝阻化率 E
肥煤	15	−15.8562	83.0580	51.4054	56.7056
	17	36.3727	25.6326	54.8261	33.7584
	20	71.9316	22.9718	48.2242	29.8798
气煤	15	51.2194	64.5211	78.9892	70.0623
	17	40.9485	63.9974	69.9836	60.1971
	20	64.8421	66.6126	72.5132	72.9224

通过实验测得了煤炭氧化自燃整个过程指标气体释出量，得到了相应的曲线图，并计算了对应阻化率值，从宏观角度分析无机磷化合物对煤自燃的阻化作用。

整个过程中，煤温上升至 100℃ 附近时，所含水分子逐步汽化并不断加剧，随着水分的汽化排出，带出大部分热量，煤温升高速率减缓；随水分子挥发完毕，显示屏显示出的煤体温度与试验炉内罐外温度差距变大，煤温增速迅猛，高于 100℃ 后煤温呈线型升高。从表 2-4 中可以看出，不同浓度四种无机磷化合物在煤氧化自燃过程中起到了不同程度的阻化作用，阻化规律也不尽相同。

对于肥煤而言，15% 浓度磷酸二氢钠阻化的效果最明显；而对于气煤则以浓度为 15% 的磷酸三钠阻化效果最明显。

分析所得数据可知，无机磷化合物在延缓煤自燃方面效果还是很显著的。无机磷化合物具有很强的吸湿保水性，初期会在煤体的表面构成一张液膜，很大程度上减小了煤跟氧分子的接触面积，同时也降低了温度，减慢了煤氧复合反应进程，从而延缓阻止了煤炭的氧化。之后温度不断升高，水分蒸发加剧，液膜因此而破裂，从而不再起到隔绝氧气的阻化作用。同时无机磷化合物还具有很强的还原性及高温分解特性，应结合微观和化学层面的知识进行分析，从活性基团以及自由基等方面入手，进一步探究无机磷化合物的阻化作用[63~67]。

③ 有机磷化合物对煤氧化阻化作用

通过理论分析和实验室程序升温装置与气相色谱仪联用进行实验，测定煤样氧化阶段的各气体产物的产生情况，根据 CO 指标气体随温度的变化趋势以及计算其阻化率，初步筛选具有阻化作用的有机磷系阻燃剂。

3.1　实验煤样处理

从东欢坨矿和钱家营矿按照《煤层煤样采取方法》（GB/T 482—2008）采取新鲜煤样，用保鲜膜包裹送至实验室，再根据《煤样的制备方法》（GB 474—2008）进行制样，去掉煤样外面的氧化层，取中间部分进行缩分、破碎、筛分，制成 0.25~0.18mm（60~80 目）、-0.18mm（80 目以下）、-0.074mm（200 目以下）不同粒径的煤样放置在煤样袋内，贴上标签，以备使用。

选取苯基次膦酸、2-羧乙基苯基次膦酸、甲基膦酸二甲酯作为实验用阻化剂。

苯基次膦酸，一种白色晶体，分子式为 $C_6H_7O_2P$，分子量为 142.10，溶于水，熔点为 83~85℃，是一种抗氧剂。

2-羧乙基苯基次膦酸（CEPPA），外观为白色或淡黄色的固体粉末，能溶于水，具有较高的热稳定性和氧化稳定性，是一种阻燃性能优良的反应型含磷阻燃剂。

甲基膦酸二甲酯（DMMP），无色透明液体，在 25℃时，密度为 1.16g/cm³，可与水及多种有机溶剂混溶，是有机磷阻燃剂中的一种，是当前市场上阻燃性能优异的阻燃产品。

配制阻化液：苯基次膦酸浓度分别为 5%、10%、15%、20%、30%，2-羧乙基苯基次膦酸浓度分别为 3%、5%、8%、10%、15%，浓度均按质量分数配制而成，甲基膦酸二甲酯浓度分别为 3%、5%、8%、10%、15%，以体积分数配制而成。

用制备好的 0.25~0.18mm（60~80 目）粒径的煤样作为实验煤样，每次取 80g 用阻化液进行处理，煤样与阻化液按 4:1 进行加入。配制好后放置 12h，再放恒温干燥箱室温下干燥 12h 后装入煤样袋，以作备用。

3.2　实验装置及参数设置

实验装置是由自制的程序升温箱和 KSS-5690A 型号气相色谱系统组成。程序升温由空气发生器和升温箱组成,升温箱内部装有煤样罐,煤样罐连有进气口、出气口、测温口,外部由转子流量计控制流量。KSS-5690A 型号气相色谱系统由氢气发生器、空气发生器、色谱仪和电脑软件组成。取上述制好的 0.25~0.18mm（60~80目）的煤样（80±0.01）g,装入程序升温箱的煤样罐中,煤样从室温 30℃ 升到 260℃,升温速率设定为 0.5℃/min,气流量为 120mL/min。其中,从 30℃ 到 160℃,每隔 10℃ 采一次气;从 160℃ 到 260℃,每隔 20℃ 采一次气。

　　程序升温-气相色谱联用装置如图 2-2 所示。

　　本实验的实验流程如图 3-1 所示。具体过程如下:

　　（1）将称好的80g煤样装入煤样罐,在煤样的上方放一层玻璃棉,以防煤粉进入出气口堵塞气体流出。

　　（2）将装好煤样的煤样罐放入升温箱内,连接好进气口、出气口以及测温口,关上升温箱的门。

　　（3）打开升温箱和空气发生器的开关,对煤样进行升温加热,到所设定的温度点时,在出气口用气囊采集气体,将采集好气体的气囊用夹子夹好,以防漏气。

　　（4）将采集好的气体注入调节完毕的色谱仪系统的进气口,经过色谱工作站进行分析。

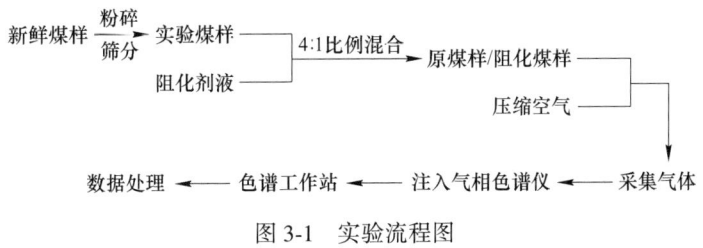

图 3-1　实验流程图

3.3　阻化剂阻化效果的评价方法选取

　　为了对煤自燃火灾进行防治,国内外学者从不同的角度、采用不同的方法对防治煤自燃的阻化剂的阻化机理和应用效果进行了研究,取得了一定的效果。对煤自燃的研究方法主要有程序升温与气相色谱联用方法、红外光谱分析法、同步热分析法、交叉点温度法、绝热氧化法等。阻化剂阻化效果的评价方法主要是以指标气体、氧气浓度、阻化率、耗氧速率、放热强度、特征温度、阻化寿命、低温氧化活化能等多项特征参数为指标。以下主要对这些评价方法进行介绍。

3.3.1　指标气体

　　指标气体分析方法不仅是实验室煤自燃发火理论研究的重要手段,而且已经广泛用于煤矿井下某些气体成分、浓度的检测，正是通过气体成分和浓度的检测，才使得人们预防煤炭自燃发火成为可能，指标气体法已经成为目前煤炭自燃发火预测预报中应用最为广泛的手段。

煤炭低温氧化过程中产生大量的有毒有害气体，并且这些气体的浓度随着温度的升高发生显著的变化。按照反应速率的快慢，将煤氧化过程分为缓慢、加速和剧烈氧化三个阶段，这三个阶段中，产生气体的种类、浓度和速率都会有相应的变化。在煤自燃低温氧化的过程中主要产生 3 类气体：（1）碳氧化合物（CO和 CO_2）；（2）饱和烃（C_2H_6 及 C_3H_8）及其链烷比；（3）各类不饱和烃，主要包括 C_2H_2 及 C_2H_4。由于煤的变质程度不同，所以指标气体出现的温度点一般不同。指标气体的产生温度随煤的变质程度增大而升高；相同温度下指标气体的产生量随煤的变质程度增大而减小。

通过低温氧化试验确定气体为煤样低温氧化的指标气体。指标气体的出现和其释放量的变化可以反映出煤样处在哪一个氧化阶段。各指标气体的出现顺序大致一样，但是对于不同类型的煤，指标气体出现的温度和含量变化是不同的。随着温度的升高，出现的顺序也不同。在指标气体中出现较早的气体为 CO_2、CH_4，随后是 CO 气体。有研究表明，CO 气体的出现表示着煤样氧化进入蓄热的阶段或者是更深的氧化阶段。随着温度的持续升高，烷类、烯类、烃类气体依次出现。从 CO 气体出现到 C_2H_4 气体出现的这一阶段可以表示为煤样从缓慢氧化进入激烈氧化阶段。然而对煤炭自燃的防治也主要就是为了避免煤样氧化从缓慢氧化变成剧烈氧化的转变。烯烃的稳定性不如烷烃，在煤层气深埋地下隔绝氧气的长期化学反应中不会最终存在，所以只有在煤揭露后氧化才会形成。C_2H_4 作为一种指标性气体，一般在较高的温度下产生，也即是煤样氧化反应进行到比较深的氧化阶段。通常情况下，CO 气体和 C_2H_4 气体分别用作对煤样的初始氧化以及深度氧化的判定。在目前，很多矿井根据这个规律，把 CO 气体作为煤炭自燃发火的早期指标气体，把 C_2H_4 气体作为煤炭自燃发火的后期指标气体。

3.3.2 阻化率

阻化剂对煤自燃抑制效果的好坏，可用阻化率作为衡量的指标。阻化率的大小能很直观地反映阻化剂对煤样的阻化效果，间接地体现在对煤样的氧化性的强弱影响，煤样的氧化性变弱，说明阻化剂起到的阻化效果好，反之则煤样氧化性变强，阻化剂的阻化效果差。阻化率就是在相同的条件下，原煤样与阻化煤样产生的 CO 含量的差值，与原煤样产生 CO 含量的比值，见式（3-1）：

$$E = \frac{A - B}{A} \times 100\% \qquad (3-1)$$

式中 E——阻化率，%；

　　　　A——原煤样产生的 CO 含量（体积分数），10^{-6}；

　　　　B——阻化煤样产生的 CO 含量（体积分数），10^{-6}。

3.3.3　氧气浓度

　　氧气是煤自燃过程的一个重要的反应物，在程序升温氧化过程中，氧气浓度随温度的变化趋势可以反映出煤样氧化过程的氧化程度。煤的氧化过程是从缓慢氧化到一定阶段后急剧加速的过程。氧浓度开始缓慢下降说明在这个温度点的时候煤的氧化程度开始加剧，氧浓度急剧下降说明煤样从这个急剧下降的温度点后氧化程度变得更加剧烈。

3.3.4　特征温度

　　煤自燃的特征温度主要包括临界温度、干裂温度、着火点温度。

　　（1）临界温度指的是煤样在自燃氧化开始时，随着氧化反应进程的加快，从缓慢氧化反应进入加速氧化反应时出现的一个温度点，即从质变进入量变过程时所达到的一个温度点，这时煤样的氧化反应由吸热变为放热。此时所呈现出的现象为煤与氧反应时的耗氧速率加快，放热强度等自燃参数变化明显，煤氧反应生成的气体产物的量在此时首次开始增多，煤与氧的复合反应开始加速。

　　（2）干燥温度是指煤的氧化反应，达到临界温度后，反应速率急剧增加，这一阶段煤的氧化速度加快，呈现出剧烈的反应情况，耗氧速率增加更为迅速以及 CO 生成量明显增加，发生了第二次突然变化的趋势。

　　（3）煤达到裂解温度后，产生了多种有机气体产物，CO、CO_2 等气体的浓度急剧上升。同时，煤的失重率逐渐降低，当煤的温度达到一定的温度时，煤的芳香环结构在氧化作用下分解，此时的温度称为煤的着火温度。当温度超过煤的着火温度时，煤开始燃烧，燃烧时产生大量的热量及气体。因此，特征温度可以用作评价阻化剂阻化效能的一个重要指标。

3.3.5　耗氧速率

　　单位体积浮煤单位时间内的耗氧量即为煤的耗氧速度。煤的自燃过程即煤与空气中的氧气发生一系列的物理、化学吸附以及一些化学反应，并且有大量的热放出的过程。在这一过程中，放出的热量与耗氧速度成正比，因此煤的耗氧速率可以间接地反映出煤的自燃性[55]，计算公式如下：

$$V_0(T) = \frac{Q \cdot C_0}{S \cdot n \cdot L} \cdot \ln \frac{C_0}{C_1} \tag{3-2}$$

式中　$V_0(T)$——耗氧速率，$mol/(cm^3 \cdot s)$；

　　　　S——炉体供风面积，cm^2；

Q——供气量，cm^3/s

n——空隙率，%；

L——煤体高度，cm；

C_0——进气口处的氧气浓度，mol/cm^3；

C_1——出气口处的氧气浓度，mol/cm^3。

把实际测得的出口处氧气浓度值和其他的参数代入式（3-2）中，即可求得煤样在不同温度时的耗氧速率 $V_0(T)$ 值。阻化剂具有阻止煤与氧气接触的作用，故耗氧速率可以作为评价阻化剂阻化效果的一个重要指标，由于在实验室受实验条件的影响，对耗氧速率的测试不能很好地进行，所以本实验不考虑使用耗氧速率。

3.3.6　阻化寿命

煤样经过阻化剂阻化处理后，防止煤样被氧化的有效日期被称作是煤样阻化后的阻化寿命，通常也被叫作阻化剂的衰退期。煤样阻化剂的阻化寿命越长，说明其阻化效果越好。

阻化寿命主要是指在特殊的实验环境条件下，有效防止煤炭发生自燃的时间，通常采取煤样阻化前后，在相同的条件下生成相等 CO 含量的时间差来作为阻化寿命。它是非常重要的评价阻化效果好坏的一个方法，从理论上讲煤自燃的发火期要短于阻化寿命，这样才能对煤样自燃起到抑制效果。由于在实验室受实验条件的影响，对阻化剂寿命的实验不能很好地进行，所以本实验不考虑使用阻化寿命这个评价方法。

3.3.7　低温氧化活化能

活化能是煤氧化所需的最小能量。同时，它的大小在一定程度上也体现了煤与氧反应时的难易。煤的反应是由分子间碰撞引起的。温度越高，活化能分子的数目也越多，这是由于其他一些稳定物质的活化破坏了分子间的原始键能。在煤氧反应过程中，反应物质不能全部参与化学反应，但只有部分参与化学反应过程。因此，在煤的自燃过程中，只需要研究活化分子的数目和煤与氧发生反应时的活化量。

煤炭自燃过程是复杂的，随煤温增加，参与煤与氧低温氧化的基团也在发生着变化，所需要的活化能也随之改变。由于低温氧化活化能是不固定的，一直在变化，所以在本实验中不考虑用活化能来评价阻化剂阻化效果的好坏。

根据以上所介绍的评价方法，本书选取了 CO 指标气体、氧气浓度以及乙烯的释放量随温度的变化趋势、阻化率这几个评价方法，来进一步对阻化剂的阻化效果进行评价。

3.4 CO 指标气体随温度的变化趋势

根据实验实测得到的一氧化碳浓度数值，绘制一氧化碳浓度随煤体温度变化曲线。

由图 3-2 （a）苯基次膦酸处理钱家营煤样的 CO 释放量随温度的变化曲线可以看出，煤自燃的准备期为 30~100℃，在这一阶段煤的氧化十分缓慢；100~160℃阶段为煤自燃的自热期，在此阶段煤样开始加速氧化；160℃之后煤样的氧化加剧。整体上在130℃之前，处理煤样的曲线和原煤样的曲线基本一致，之后则出现有抑制、有催化的效果。5%苯基次膦酸处理煤样的 CO 释放量曲线在原煤样曲线的上方，对煤自燃具有催化的效果，且在 150~240℃之间表现出了明显的催化作用；而 30%苯基次膦酸处理煤样的 CO 释放量曲线在原煤样曲线的下方，对煤自燃具有抑制的效果。从图 3-2 （b）可以看出 CO 出现的温度点均有推迟。从图 3-2 （b）、（c）、（d）不同温度下的 CO 释放量变化曲线可以看出，经 10%、15%、20%苯基次膦酸处理的煤样对煤的自燃既有催化作用又有抑制作用。经

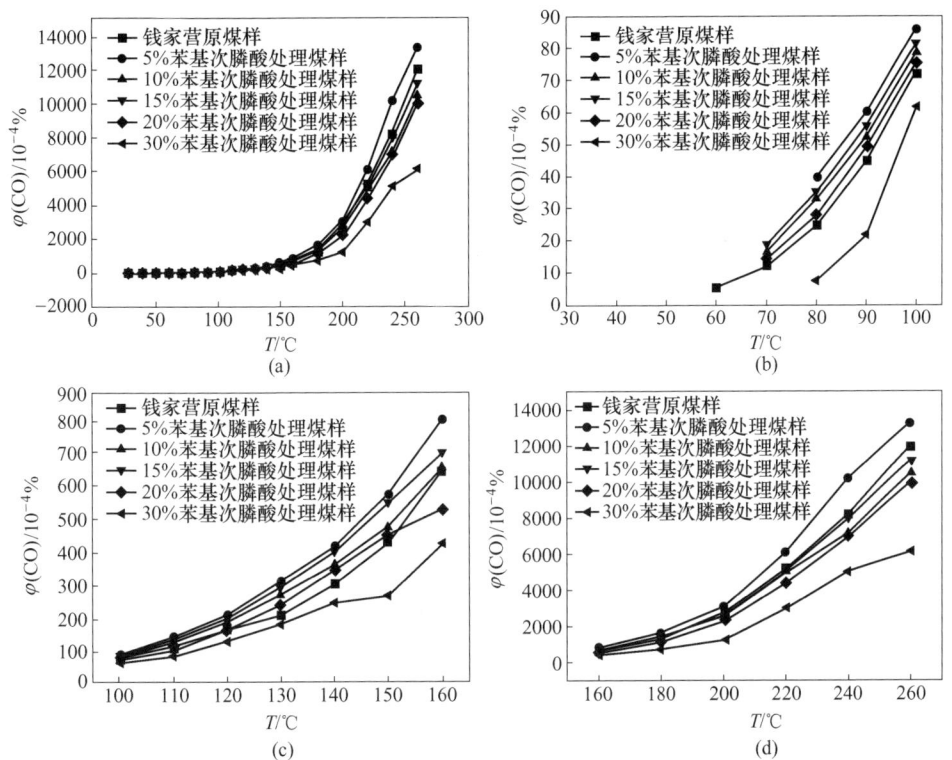

图 3-2 苯基次膦酸处理肥煤煤样的 CO 释放量随温度的变化曲线

（a）30~260℃；（b）30~100℃；（c）100~160℃；（d）160~260℃

10%、15%苯基次膦酸处理的煤样大约在190℃之后、20%苯基次膦酸处理的煤样在150℃之后均表现出对煤样的自燃具有抑制效果。综合来看，经30%苯基次膦酸处理的煤样阻化效果较好。

图3-3是CEPPA处理钱家营煤样的CO释放量随温度的变化曲线。从图3-3（a）可以看出，五种不同浓度的CEPPA溶液对煤自燃的阻化效果不同，有的浓度的CEPPA溶液对煤自燃有催化效果，有的则有抑制效果。从图3-3（a）整体上看15%CEPPA处理煤样的CO释放量曲线位于原煤样的上方，有上升的趋势；而其他浓度的CEPPA处理煤样的CO释放量均呈不同程度的下降趋势。130℃之前，处理煤样的曲线和原煤样的曲线基本一致，之后则出现抑制或催化的效果。在这个温度点之后，经15%CEPPA处理的煤样的CO变化曲线明显高于原煤样。而3%、5%、8%浓度的曲线在原煤样曲线的下方，在10%浓度CEPPA溶液处理煤样的上方，且三个浓度处理煤样的CO变化曲线走势基本一致。由图3-3（b）、（c）、（d）可以看出经15%CEPPA溶液处理的煤样在100℃之前，其CO释放量的曲线在原煤样CO释放量的下方，对煤样的自燃表现出抑制的效果；100℃之后则表现出催化作用。3%、5%、8%、10%CEPPA溶液处理

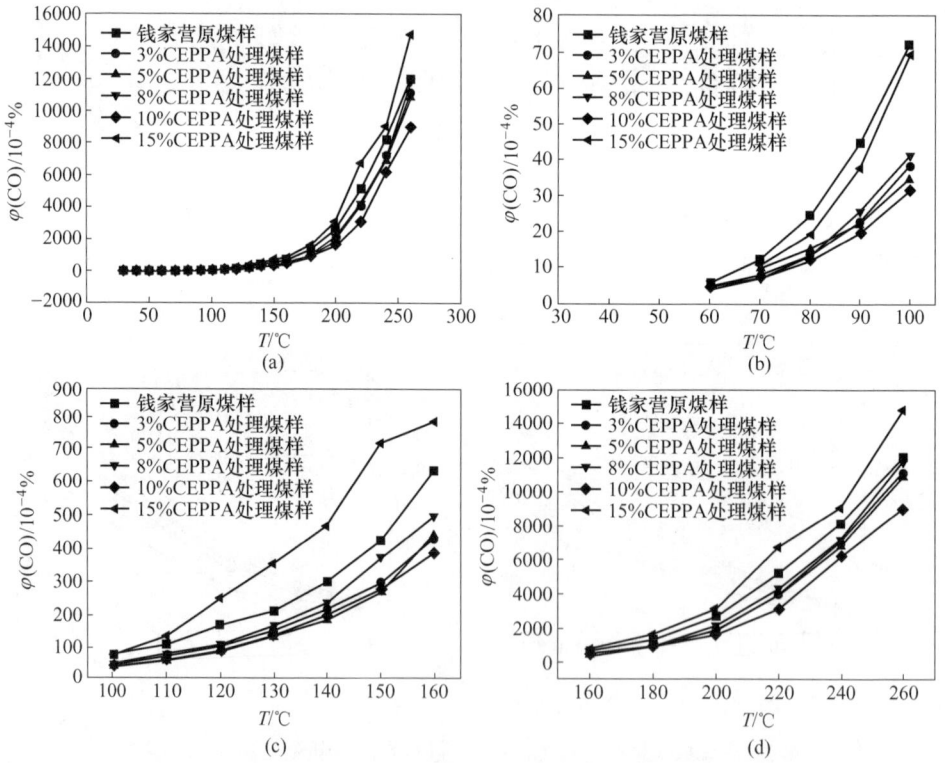

图3-3　CEPPA处理肥煤煤样的CO释放量随温度的变化曲线

（a）30~260℃；（b）30~100℃；（c）100~160℃；（d）160~260℃

煤样的 CO 释放量曲线均在原煤样曲线的下方，且在相同温度下经 10%CEPPA 溶液处理煤样的 CO 释放量最少，3%、5%、8%浓度处理的煤样的释放量整体上差别不大，曲线走势也基本一致。综合来看，可以得出经过 10%CEPPA 溶液处理的煤样阻化效果较好。

由图 3-4（a）DMMP 处理钱家营煤样的 CO 释放量随温度的变化曲线可以看出，100℃之前 DMMP 处理煤样的 CO 释放量与原煤样的 CO 释放量曲线走向基本一致。3%、5%、15%浓度处理煤样的 CO 走势基本和原煤样保持一致，说明阻化效果不明显。经 10%浓度处理的煤样在 200℃之前，CO 曲线走势基本和原煤样一致，之后曲线明显低于原煤样。说明在 200℃之前，阻化效果不明显，之后有明显的阻化效果。8%DMMP 处理煤样在 120℃之后，CO 含量曲线明显低于其他浓度处理煤样和原煤样的曲线。由图 3-4（b）、（c）、（d）可以看出，经 3%、5%DMMP 处理的煤样，CO 含量随温度的走势在 160℃之前在原煤样曲线的上方，之后在下方；10%、15%DMMP 处理的煤样，CO 含量随温度的走势 180℃之前在原煤样曲线的上方，之后在下方；说明它们对煤自燃既有抑制又有催化作用。

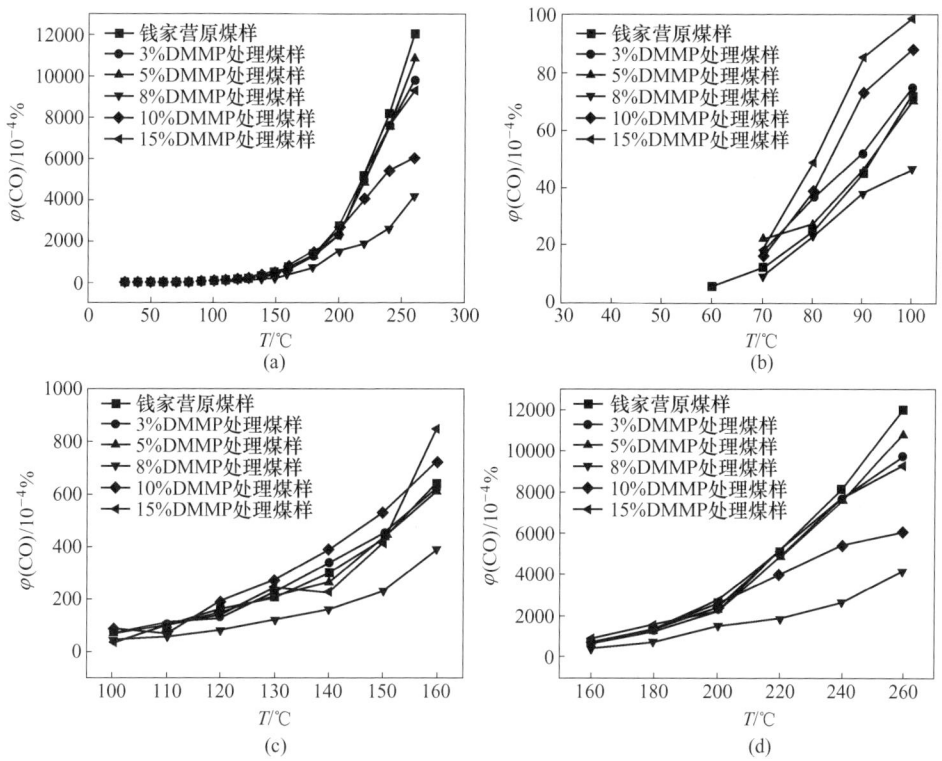

图 3-4　DMMP 处理钱家营煤样的 CO 释放量随温度的变化曲线
（a）30~260℃；（b）30~100℃；（c）100~160℃；（d）160~260℃

8%DMMP 处理煤样的 CO 释放量随温度的变化曲线走势一直处于原煤样曲线的下方，且在相同的温度下，8%DMMP 处理煤样的 CO 的含量均低于其他浓度处理的煤样。综合来看，可以得出经过 8% DMMP 处理的煤样阻化效果较好。

由图 3-5 （a）苯基次膦酸处理东欢坨气煤煤样的 CO 释放量随温度的变化曲线可以看出，整体上经不同浓度的苯基次膦酸处理后，CO 含量均呈不同程度的下降趋势。在 120℃之前，阻化煤样和原煤样产生的 CO 基本趋势一致，阻化效果不太明显；在 120℃之后，CO 含量呈现大幅度的增长，且呈指数形式增长，阻化煤样产生的 CO 浓度含量明显低于原煤样的 CO 含量，并且每种阻化剂不同浓度对煤自燃的阻化效果不同。由图 3-5 （b）、（c）、（d）可以看出，在 110℃之前五种浓度的阻化效果基本差不多，之后阻化效果有明显的差异。30%浓度的苯基次膦酸处理煤样的 CO 释放量的曲线位于其他浓度处理煤样曲线的下方，在相同的温度下，可以认为 30%浓度苯基次膦酸处理的煤样产生 CO 含量是最少的。综合以上结果分析，可以得出经过 30%苯基次膦酸处理的煤样阻化效果较好。

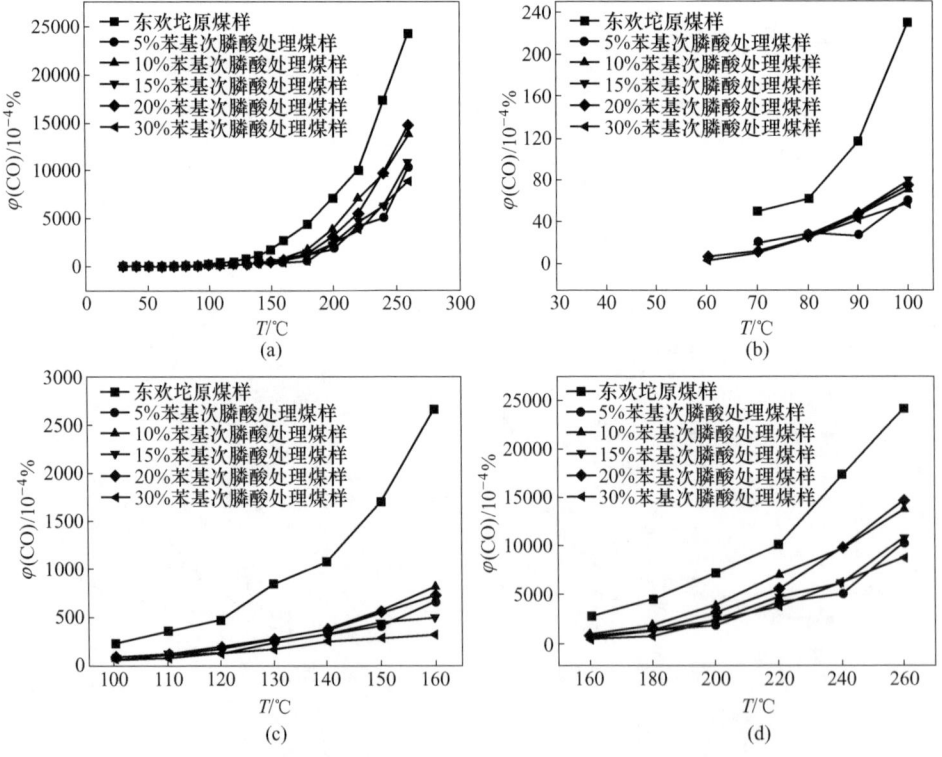

图 3-5　苯基次膦酸处理气煤煤样的 CO 释放量随温度的变化曲线
（a）30~260℃；（b）30~100℃；（c）100~160℃；（d）160~260℃

　　由图 3-6（a）可以看出，在原煤中加入不同浓度的 CEPPA 溶液，发现对煤自燃有不同程度的阻化效果，且在 160℃之后，具有明显的抑制效果。在 100℃之前，5 种浓度处理煤样的 CO 释放量曲线与原煤样的曲线走势基本一致，阻化效果不明显。由图 3-6（b）、（c）、（d）可以看出，3%、5%、10%、15%浓度的 CEPPA 溶液对煤的自燃既有催化作用，又有抑制作用。经 5%、10%、15% CEPPA 处理煤样的 CO 含量曲线在 100℃之后均低于原煤样曲线，3% CEPPA 处理煤样大概在 155℃之后才有阻化效果。经 8% CEPPA 处理的煤样在整个阶段 CO 含量的曲线一直低于原煤样和经其他浓度处理煤样的曲线，从整体上看，可以认为在相同的温度下其 CO 含量最低。综合以上分析，可以得出经过 8% CEPPA 溶液处理的煤样阻化效果较好。

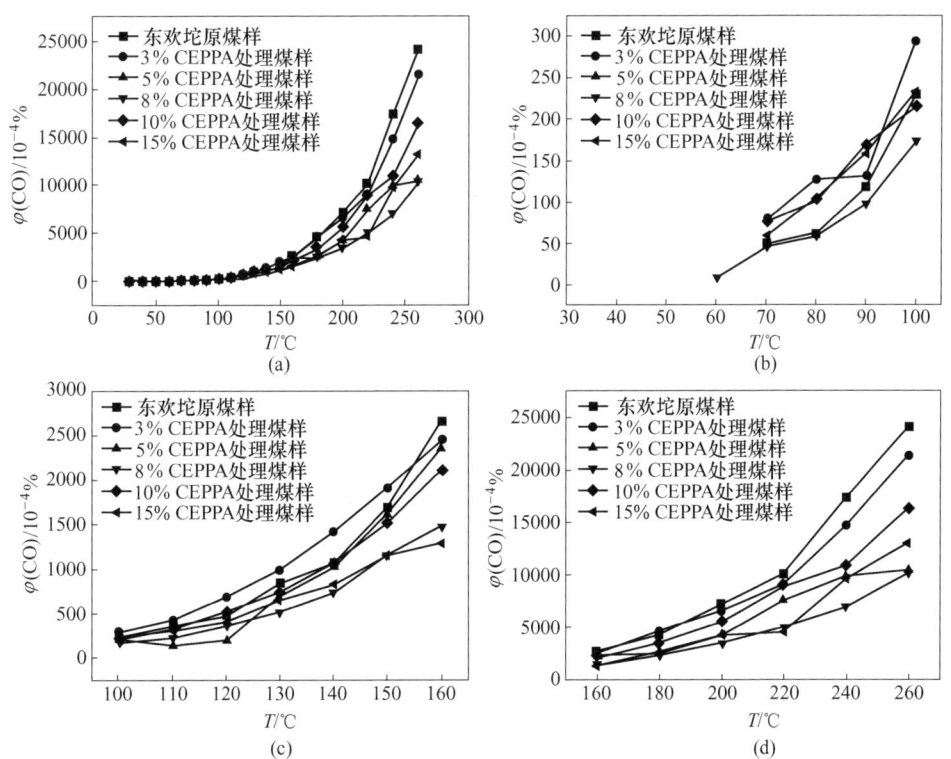

图 3-6　CEPPA 处理东欢坨煤样的 CO 释放量随温度的变化曲线
（a）30~260℃；（b）30~100℃；（c）100~160℃；（d）160~260℃

　　由图 3-7 可以看出，在东欢坨煤样中加入不同浓度的 DMMP 溶液，均有阻化作用。由图 3-7（a）可知在 150℃之前，阻化效果不是很明显；之后有明显的阻化效果。由图 3-7（b）、（c）、（d）可知，5 种浓度处理煤样的 CO 释放量随温度的变化曲线均在原煤样的下方，200℃之前几种浓度 DMMP 溶液对煤样的阻化效果基本上差不多，之后 15%的浓度 DMMP 溶液对煤样具有明显的阻化效果，整体上来说，15%的浓度 DMMP 溶液对煤样阻化效果较好。综合以上分析，可以得出经过 15%DMMP 处理的煤样阻化效果较好。

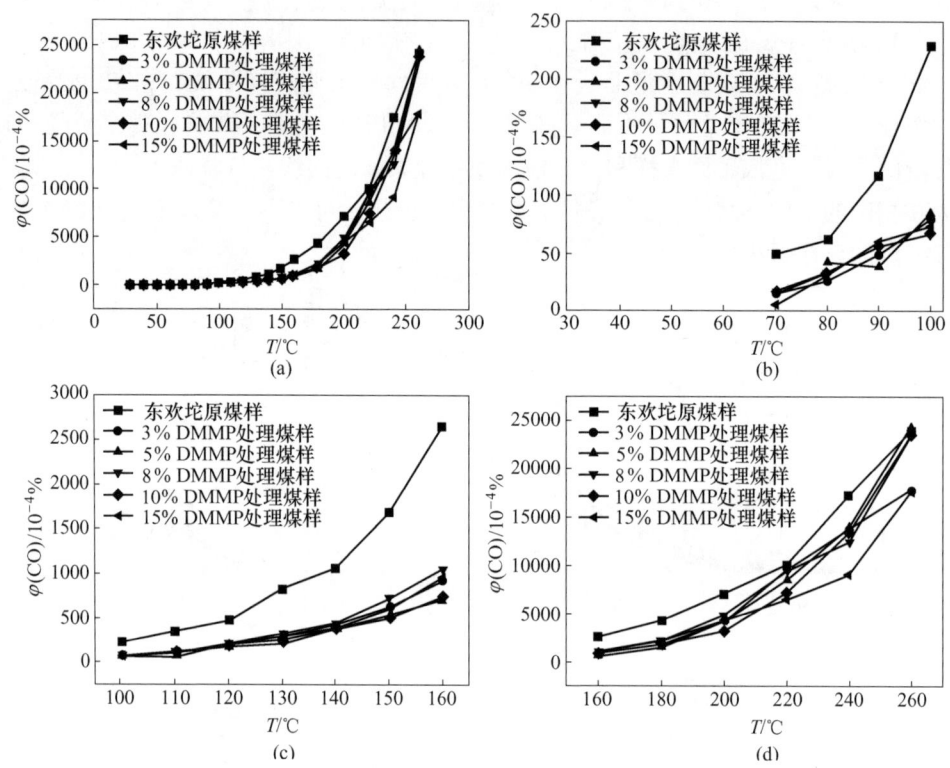

图 3-7　DMMP 处理东欢坨煤样的 CO 释放量随温度的变化曲线

(a) 30~260℃；(b) 30~100℃；(c) 100~160℃；(d) 160~260℃

综合分析得出不同阻化剂对两种煤样的优选浓度，浓度汇总见表 3-1。

表 3-1　不同阻化剂对两种煤样的优选浓度　　　　　　　（%）

煤样	苯基次膦酸	CEPPA	DMMP
肥煤	30	10	8
气煤	30	8	15

分别对每种煤样优选出的三种阻化剂重新组合一起，进行 CO 指标气体分析，不同阻化剂优选浓度对钱家营肥煤处理煤样的 CO 含量随温度的变化曲线如图 3-8 所示。

由图 3-8 可以看出，三种优选出的不同阻化剂对煤的阻化效果是不同的。由

图 3-8（b）、（c）、（d）可以看出在 160℃之前，三种阻化剂的阻化效果有明显的差异；在这个温度点之后，三种阻化剂的阻化效果差异不大。在整个阶段，三种浓度处理之后的阻化煤样产生的 CO 含量均低于原煤样产生的 CO 含量，且 8% DMMP 处理煤样的 CO 释放量随温度的变化曲线位于其他煤样曲线的最下方，在相同的温度下其 CO 的释放量最少，其对煤自燃的抑制效果较好。综合以上分析，可以得出 8% 的 DMMP 溶液对煤的阻化效果较好。

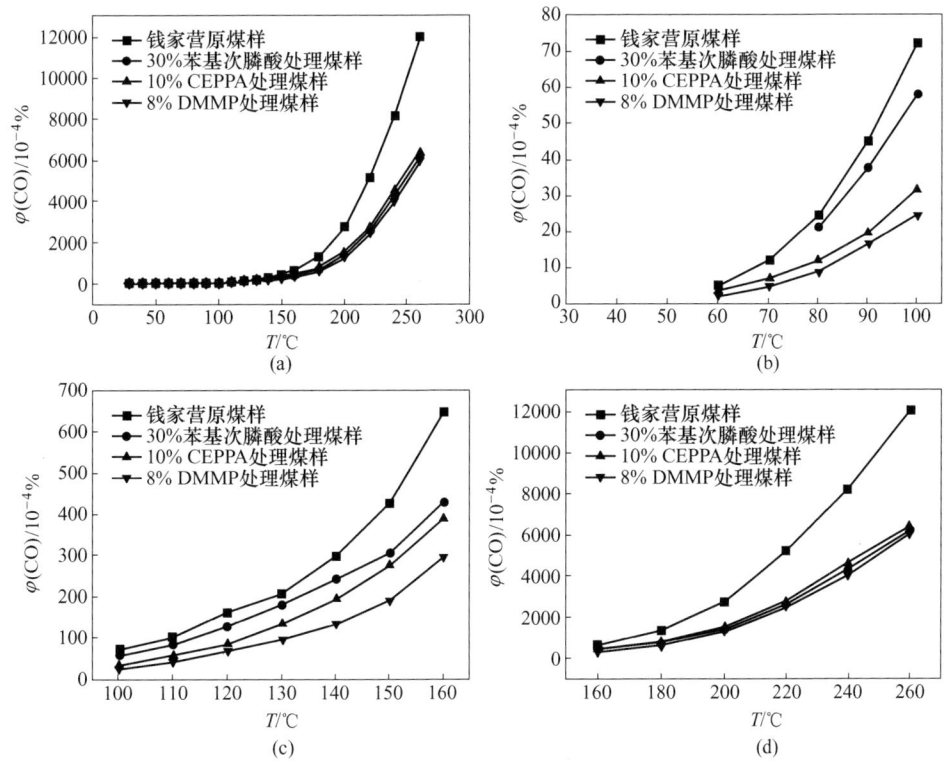

图 3-8　不同阻化剂优选浓度对钱家营肥煤处理煤样的 CO 含量随温度变化曲线
（a）30~260℃；（b）30~100℃；（c）100~160℃；（d）160~260℃

由图 3-9（a）可以看出，在 110℃之前，经阻化剂处理后的煤样的 CO 曲线与原煤样曲线基本一致，且三种阻化剂的阻化效果没有太明显的差别。在 110℃之后，CO 含量整体明显增加，经 8%2-羧乙基苯基次膦酸、15%甲基膦酸二甲酯处理的阻化煤样 CO 曲线在经 30%苯基次膦酸处理阻化处理煤样之上，基本趋势符合指数曲线。由图 3-9（b）、（c）、（d）可以看出在 180℃前，经 15%DMMP 处理煤样的 CO 释放量低于经 8%（质量分数）CEPPA 处理的阻化煤样，180℃之后经 15%DMMP 处理煤样的 CO 释放量高于经 8%（质量分数）CEPPA 处理的阻化煤样；在整个阶段经 30%（质量分数）苯基次膦酸处理的阻化煤样的 CO 释放量明显低于经 8%（质量分数）CEPPA 和 15%（体积分数）DMMP 处理的阻化煤样。由此可知对三种优选出来的阻化剂，阻化效果较好是 30%苯基次膦酸。

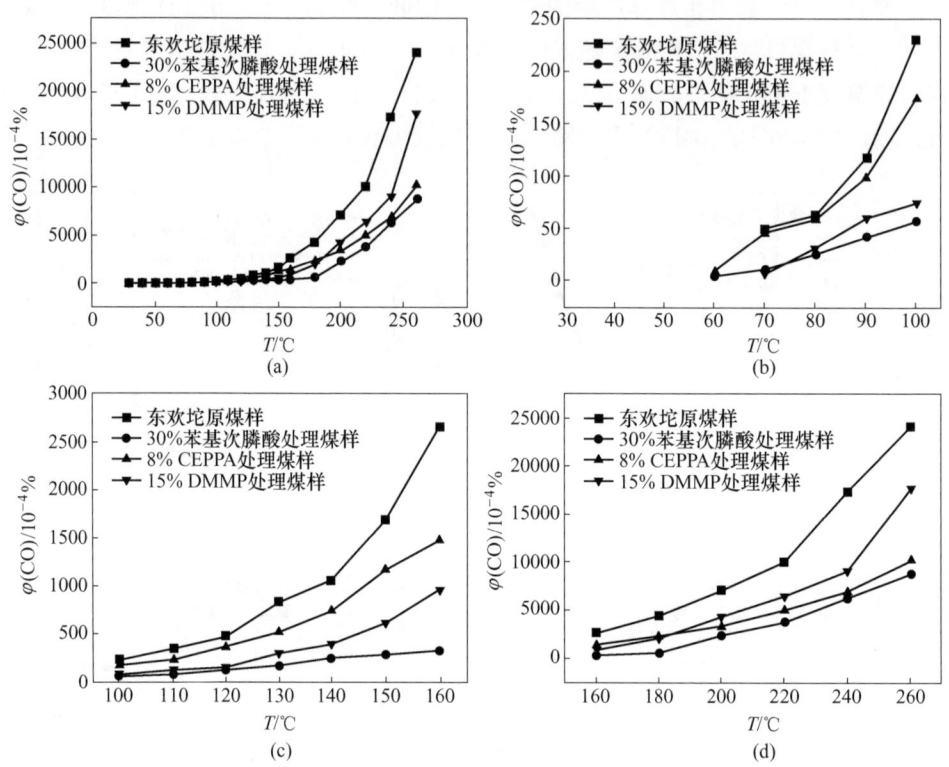

图 3-9　不同阻化剂优选浓度对气煤处理煤样的 CO 含量随温度变化曲线

（a）30~260℃；（b）30~100℃；（c）100~160℃；（d）160~260℃

3.5　有机磷化合物对煤炭氧化的阻化规律分析

　　判断阻化剂对煤自燃的抑制效果，阻化率是一个很好的指标。阻化率越高，说明阻化剂的阻化效果越好；反之，阻化效果越差。对前面章节每种煤样优选出的三种阻化剂重新组合在一起，进行阻化率分析。

　　由阻化率随温度的变化曲线可知，对同一种煤，不同阻化剂对煤的阻化率是不同的；对不同种类的煤，同种阻化剂对煤的阻化率也是不同的。

　　由图 3-10 可知，经 8%DMMP 处理煤样的阻化率曲线在其他两个阻化剂处理煤样的上方，且阻化率基本在 50%以上。随着温度的不断升高，经 30%苯基次膦酸、10%CEPPA 处理的阻化煤样的阻化率整体呈上升的趋势。经 8%DMMP 处理的阻化煤样的阻化率呈下降的趋势。结合表 3-2 可知，最佳浓度的三种阻化剂对钱家营煤阻化效果最好的是 8%DMMP，阻化率达到了 56.45%。

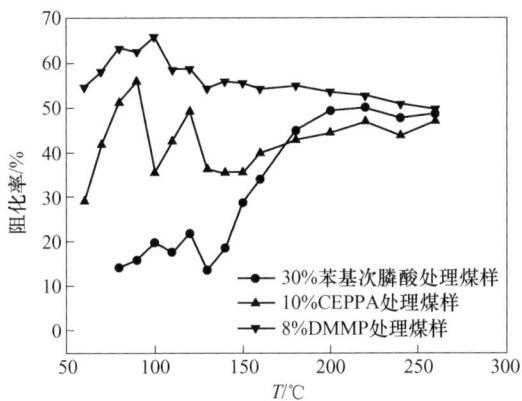

图 3-10　优选浓度阻化剂处理肥煤煤样的阻化率随温度的变化曲线

表 3-2　优选浓度阻化剂对两种煤的平均阻化率

阻化剂	（肥煤）平均阻化率/%	阻化剂	（气煤）平均阻化率/%
30%苯基次膦酸	30.29	30%苯基次膦酸	72.94
10%CEPPA	42.32	8%CEPPA	32.11
8%DMMP	56.45	15%DMMP	55.83

由图 3-11 阻化率随温度的曲线可以看出，经 30%（质量分数）苯基次膦酸处理的阻化煤样的阻化率高于其他两种阻化剂处理的煤样，且其阻化率基本都在 60% 以上。随着温度的不断升高，经 8%（质量分数）CEPPA 处理的阻化煤样的阻化率呈现上升的趋势，而经 15%（体积分数）DMMP 处理的阻化煤样的阻化率有逐渐下降的趋势。由表 3-2 可知，30%苯基次膦酸处理的煤样的阻化效果最好，达到了 72.94%。由以上分析可知，30%苯基次膦酸处理的煤样的阻化效果最好。

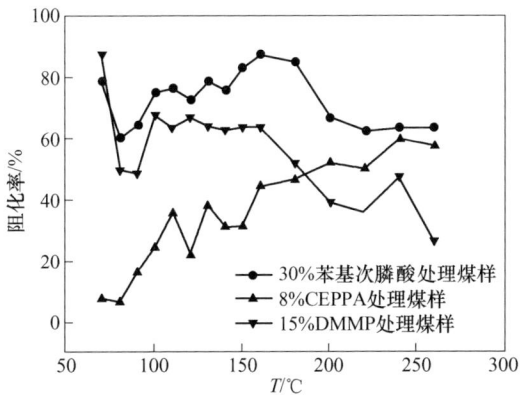

图 3-11　优选浓度阻化剂处理气煤煤样的阻化率随温度的变化曲线

由图 3-10 和图 3-11 可以看出，在 100℃之前，三种阻化剂的阻化率均有上升的趋势，可能是因为在 100℃之前，煤体中含有水分，保持了煤体的湿润性，减缓了煤的氧化过程，在 100℃时，煤体中的水分大量挥发，加速了煤样的氧化过程。经 8%（质量分数）CEPPA 处理的阻化煤样的阻化率均呈现出上升的趋势，可能是随着温度的升高发生了分解，脱水炭化，在煤样表面形成了炭化层，隔绝了空气，减缓了煤的氧化进程；而经 15%（体积分数）DMMP 处理的阻化煤样的阻化率均有逐渐下降的趋势，可能是由于甲基膦酸二甲酯在高温下分解生成了 CO_2、P_2O_5、H_2O，其中 P_2O_5 溶于 H_2O，放出了热量，加快了煤的氧化。

3.6　氧气浓度随温度的变化趋势

煤氧化程度加剧直至自燃的逐步发展的过程就是煤与氧气作用越来越强烈的进程，随着温度升高，煤氧复合加剧，氧气消耗加剧，氧浓度不断降低并呈现出一定的规律。氧气在煤自燃的过程中，担任一个很重要的参与角色，氧气浓度随温度的变化可以反映出煤样的氧化程度，可以很好判断煤样处于哪一个氧化阶段。对以上每种煤样优选出的三种阻化剂重新组合在一起，进行氧气浓度随温度的变化趋势分析。

图 3-12 和图 3-13 给出了氧气浓度（体积分数）随温度的变化曲线。由两图可知，随温度的增加，对钱家营煤样来说，加入阻化剂煤样的氧气浓度由 21%逐渐下降到 13%，氧气的消耗量为 8%；而原煤样的氧气浓度则由 21%下降到 8%，氧气的消耗量为 13%；对东欢坨煤样来说，加入阻化剂煤样的氧气浓度由 21%逐渐下降到 16%，氧气的消耗量为 5%；而原煤样的氧气浓度则由 21%下降到 3%，氧气的消耗量为 18%，这说明阻化剂能够有效降低煤样的耗氧量，阻化效果明显。此外，对两种煤样来说，加入阻化剂煤样的氧气浓度在 130℃、140℃没有突然下降，表明阻化剂能够有效抑制煤燃烧的剧烈氧化。通过对比发现，对钱家营

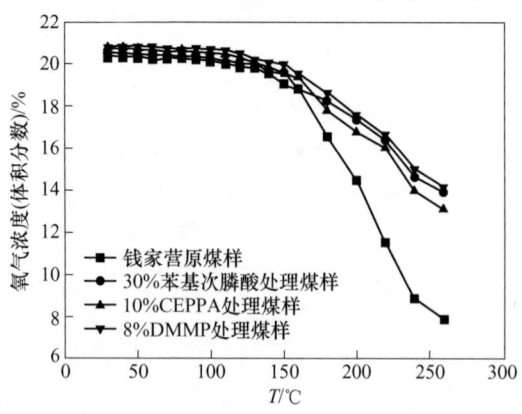

图 3-12　优选浓度阻化剂处理钱家营煤样的氧气浓度随温度的变化曲线

煤样来说，经8%DMMP处理煤样的氧气浓度高于其他阻化煤样和原煤样，说明8%DMMP的阻化效果最佳，对东欢坨煤样来说，经30%（质量分数）苯基次膦酸处理煤样的氧气浓度高于其他阻化煤样和原煤样，说明30%（质量分数）苯基次膦酸的阻化效果最佳，这也与之前的CO释放量及阻化率结果一致。

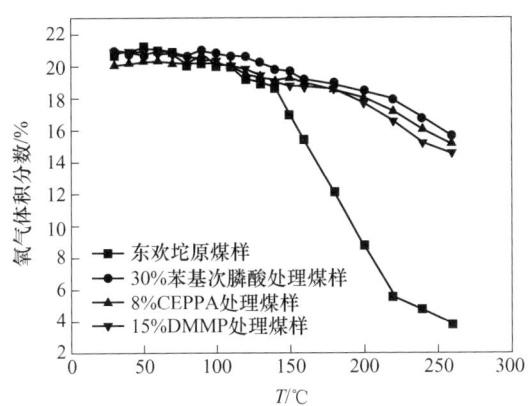

图3-13　优选浓度阻化剂处理东欢坨煤样的氧气浓度随温度的变化曲线

3.7　乙烯浓度随温度的变化趋势

乙烯的出现标志着煤样氧化程度进入剧烈氧化阶段，可作为煤自燃后期指标气体进行研究。对以上每种煤样优选出的三种阻化剂重新组合在一起，进行乙烯浓度随温度的变化趋势进行分析。

从CO出现到乙烯出现这一阶段，表示煤的氧化程度从缓慢氧化转变为剧烈氧化。由图3-14可以看出原煤样在160℃、140℃开始进入剧烈氧化阶段，且阻化煤样进入剧烈氧化阶段均晚于原煤样。由图3-14可知，经30%（质量分数）苯基次膦酸、10%（质量分数）CEPPA、8%（体积分数）DMMP阻化的煤样进入剧烈氧化阶段的温度分别是200℃、180℃、180℃，其中经8%（体积分数）DMMP处理的阻化煤样进入剧烈氧化阶段最晚，且在相同的温度下其乙烯含量最低，说明其阻化效果较好于其他两种阻化剂。

由图3-15可以看出经30%（质量分数）苯基次膦酸、8%（质量分数）CEPPA、15%（体积分数）DMMP阻化的煤样进入剧烈氧化阶段的温度分别是200℃、150℃、180℃，其中经30%（质量分数）苯基次膦酸阻化的煤样温度最高，说明其阻化效果最好，这与之前的结果相同。此外，由图3-15还可以看出，原煤样、经8%（质量分数）CEPPA、15%（体积分数）DMMP、30%（质量分数）苯基次膦酸处理的煤样，在相同的温度下乙烯释放量依次降低，在260℃时，乙烯含量依次降了大约2、3、6倍，表明煤样进入剧烈氧化阶段程度依次减弱[68~70]。

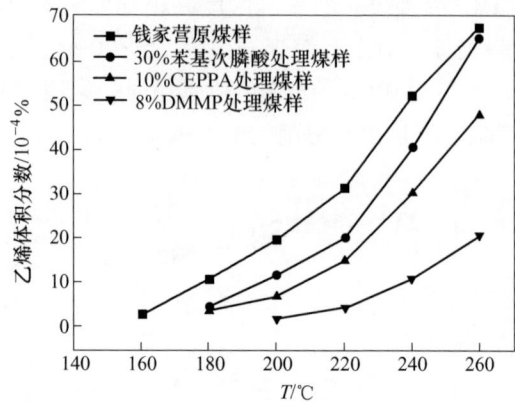

图 3-14 优选浓度阻化剂处理钱家营煤样的乙烯浓度随温度的变化曲线

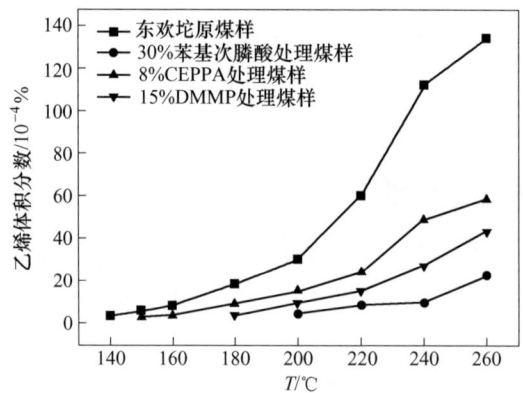

图 3-15 优选浓度阻化剂处理东欢坨煤样的乙烯浓度随温度的变化曲线

④ 无机磷抑制煤自燃活性基团变化规律

本章阐述了低温条件下煤自燃阻化整个过程中微观结构发生的改变，方法为采用傅里叶变换红外光谱仪实验，通过红外光谱图对不同温度下原煤样及添加了无机磷化合物的阻化煤样中的烷基侧链和含氧官能团的变化规律进行分析探究。

利用电子顺磁共振波谱仪对原煤样及筛选后的阻化煤样在特征温度点的自由基浓度进行测定，将实验数据用 origin 绘图并拟合，分析煤样在 30~200℃ 之间的自由基变化，从而可以看出原煤样及阻化煤样在拐点处自由基浓度的变化，为无机磷化合物对煤自燃的阻化作用研究提供理论基础。

4.1 傅里叶变换红外光谱仪实验

4.1.1 实验分析原理

傅里叶变换红外光谱（FTIR）的出现结合现代电脑科技的不断更新及普及使用，很大程度上增加了实验数据的精准性。同时，也减少了人工作业及测定耗时，为开展煤自燃氧化阻化过程中各项研究打下了坚实的根基，也促使人们对煤的微观结构有了更加全面清楚的认识，这也使得红外光谱技术在实际应用中更受欢迎。

在红外光谱图中，不同波段呈现出其特定吸收峰，波峰强度、位置等参数能够揭示其对应活性基团的存在及运动方式，所以不同实验物分子结构所对应的红外光谱图之间存在差异。

傅里叶变换红外光谱仪包含以下 5 个特点：

（1）扫描速度快。1s 内可扫描测试出多张图谱。

（2）通光量大。可检测透射率较低的样品物，除常见的气态、液态和固态样品物质外，还能够检测薄膜、金属镀层等物质。

（3）分辨率高。便于清晰观测分子的内部结构。

（4）测定范围宽泛。若想测定整个红外区范围内的光谱图，仅需调节分束器、光源等设置情况即可完成。

（5）应用十分广泛。生物、化学、物理、环境、医药、煤炭、石油、冶金等诸多领域均可应用。

本实验是针对范各庄肥煤以及荆各庄气煤的原煤样和添加无机磷化合物的阻

化煤样进行特征温度点下红外光谱测定，从而了解煤在自燃氧化阻化过程中各类官能团的变化情况。

4.1.2　实验过程

4.1.2.1　无机磷化合物的筛选及煤样的制备

探究煤自燃特性可知，煤样粒径的大小直接关系到煤炭氧化特性，对煤样破碎时间愈久，煤样粒径就愈小。在其余条件相同情况下，煤体粒径愈小，跟空气中氧气的接触面积就愈大，更容易发生煤氧复合反应。因而，傅里叶变换红外光谱仪实验要求煤样粒径尽可能小，所以挑选上阶段已制备好的原煤煤样，获取粒径小于 0.074mm（200 目）的煤样，之后再通过玉石研钵进一步研磨煤样，以确保粒径目数符合实验所需。与此同时，充分地研磨能够避免因煤样颗粒分布不均所造成的测试基线不平，进而保证实验精确性。

根据前阶段实验关于无机磷化合物对煤自燃的阻化作用的宏观研究分析，筛选出对应两个不同煤种及阻化效果较好的不同浓度的四种无机磷化合物，从而进行接下来的实验。对于范各庄的肥煤煤样，选取了浓度为 20% 的次亚磷酸钠、15% 的磷酸二氢钠、17% 的磷酸三钠和 15% 的磷酸铝；对于荆各庄的气煤煤样，则选出了浓度为 20% 的次亚磷酸钠、20% 的磷酸二氢钠、15% 的磷酸三钠以及 20% 的磷酸铝。

利用天平精确称量煤样各 5 份，每份 $10\pm0.01g$，其中 4 份分别加入制备好的阻化剂溶液，另一份为空白对照。具体步骤参见前阶段程序升温实验煤样的制备。

4.1.2.2　煤样及药品的干燥

本实验采用卤化剂压片法，载体选择光谱纯溴化钾 KBr。由于煤分子中的羟基（—OH）极易受水分影响，进而干扰所得结果，所以实验前的准备工作中需对各测试煤样进行预处理。即对煤样及 KBr 颗粒进行恒温干燥处理，以期降低水分对实验测定准确性的干扰。

为了更加清晰的了解无机磷化合物阻化剂对煤表面官能团的影响，准确观测不同温度下活性基团的变化，实验设定的温度点为 40℃、50℃、70℃、90℃、100℃、120℃、140℃、160℃、180℃、200℃、245℃。进行每个温度点的实验前，都要制备煤样，从而获得不同氧化程度的所需煤样。

以 40℃ 的一组煤样为例，预处理需把制备完毕的煤样分别装入相应个数的坩埚内，集体放入 GZX-9030 MBE 型数显鼓风真空干燥箱。将恒温箱设定到 40℃ 后抽真空干燥连续 12h 不间断，之后用坩埚钳取出置于专用密闭玻璃器皿内自然降温。玻璃器皿内底部放有大量干燥剂，预处理后的煤样置于器皿内能够阻止其与外界环境接触吸收水分。接下来进行测试的煤样和药品需随做随取。

4.1.2.3 实验所需压片准备

首先，自玻璃器皿内迅速取出溴化钾药品，用玉石研钵对其进行充分研磨至颗粒足够细小，利用高精度天平称取（0.15±0.0001）g，将称量好的样品倒入粉末压片机内进行压片。给压片机加压至 20MPa，施压 2min 左右。卸压后用镊子将成片取出，得到一个厚度约为 0.1mm，直径为 0.9mm 的半透明无裂痕圆形薄片，单纯 KBr 药品压片作用是同后续实验各煤样压片形成空白对照，从而以此基准分析各煤样红外光谱图。

接着取出干燥好的待测煤样及溴化钾，分别称取煤样（0.01±0.0001）g，溴化钾（1.5±0.0001）g，把比例为 1∶150 的二者混合倒进钵内，进行研磨。从研磨好的混合样品中称出（0.15±0.0001）g 的粉末送入压片机中。此处需要注意，每次换不同样品进行压片前需用棉花认真擦拭压片机各接触部位及零件，防止因样品不一致引起的交叉污染及数据差错。擦拭干净后将混合粉末倒入压片机中，给压片机加压至 20MPa，施压 2min 左右，同理制得一个厚度为 0.1mm，直径为 0.9mm 的半透明无裂痕浅黑灰色圆形薄片。煤样不同所得压片颜色深浅不一致，最后用镊子取出薄片送入红外光谱仪进行实验分析测定。

4.1.2.4 傅里叶红外光谱分析实验

实验所使用设备是日本产岛津 FTIR-8400 型傅里叶变换红外光谱仪（见图 4-1）。试验开始前需在开机后预先能量升温，并设置图像分辨率为 4.0cm^{-1}，波数范围从 4600cm^{-1} 至 400cm^{-1}，设置累计扫描次数为 30 次。约 20min 之后，把前阶段制得的单纯溴化钾压片取出，放进红外样品扫描箱内，关闭光谱仪前盖开始红外光谱扫描。扫描结束将显示一张空白对照红外光谱图。然后将添加不同无机磷化合物的阻化煤样及原始煤样所得半透明无裂痕浅灰色压片，送进样品室中

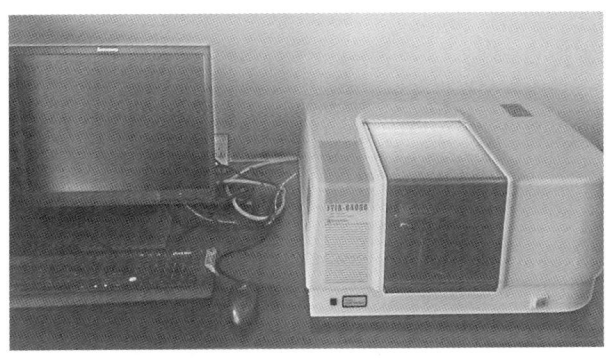

图 4-1 FTIR-8400 型傅里叶变换红外光谱仪

开始扫描，仪器程序会自动与单纯溴化钾压片所得空白对照图谱进行比对，最终显示出不同研究煤样相对应的红外光谱图。

4.2 实验结果分析

根据不同无机磷化合物的阻化作用分析，对于肥煤煤样，选取了浓度为 20% 的次亚磷酸钠、15% 的磷酸二氢钠、17% 的磷酸三钠和 15% 的磷酸铝；对于气煤煤样，则选出了浓度为 20% 的次亚磷酸钠、20% 的磷酸二氢钠、15% 的磷酸三钠以及 20% 的磷酸铝。

为了能够直观清楚地认识到煤氧化阻化整个过程内，各类官能团对应吸收峰的变化，利用 OMNIC8.2 软件绘制出常温下肥煤（见图 4-2）和气煤（见图 4-3）

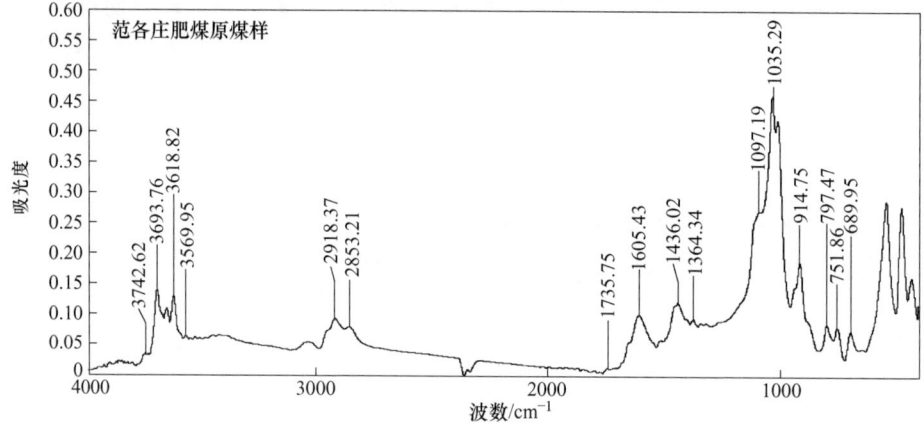

图 4-2 常温下肥煤光谱图

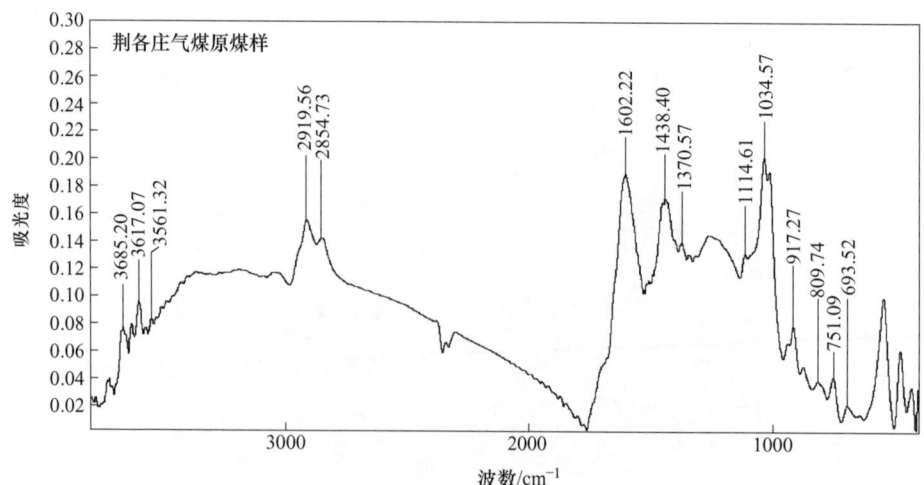

图 4-3 常温下气煤光谱图

原煤样的红外光谱图，找到 12 个具有代表意义的特征吸收峰，对每个吸收峰归类整理，所得各项结果见表 4-1。

表 4-1 煤样主要吸收峰归属

峰编号	谱峰位置/cm⁻¹		所属官能团	对应结构及振动
	肥煤	气煤		
1	690	693	C—H	取代苯环中 C—H 的平面振动
2	797~752	810~751	C—H	取代苯环中 C—H 的外表面变形振动
3	1035~915	1035~917	—	矿物质、灰分
4	1097	1115	C—O	酚、醇、醚、酯的 C—O
5	1370	1371	—CH₃	甲基对称变形振动
6	1436	1438	—CH₂—	亚甲基反对称变形振动
7	1605	1602	C＝C	芳香环中 C＝C 伸缩振动，是苯环骨架振动
8	1736	—	C＝O	脂肪族中酸酐的伸缩振动
9	2853	2855	—CH₂—CH₃	亚甲基、甲基对称伸缩振动
10	2918	2920	—CH₂—CH₃	环烷以及脂肪烃的亚甲基、甲基反对称伸缩振动
11	3570	3561	—OH(缔合羟基)	—OH 缔合羟基的伸缩振动
12	3693~3618	3685~3617	—OH(游离羟基)	醇、酚类—OH 伸缩振动

图 4-4~图 4-9 展示了肥煤原煤样与加入阻化剂后各煤样氧化自燃过程中，6 个重要温度下各官能团的变化。

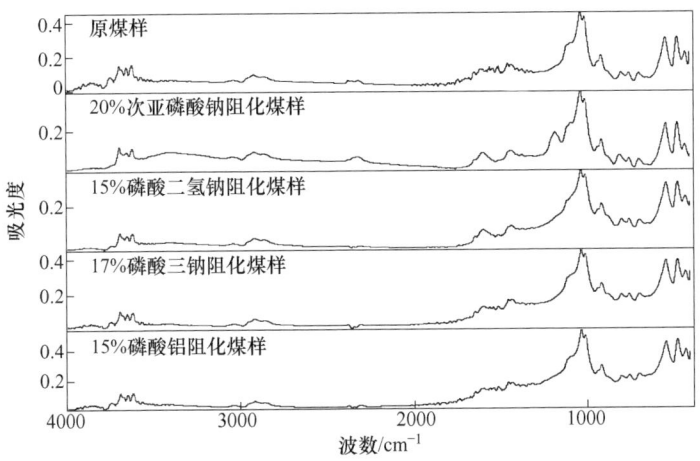

图 4-4 90℃下肥煤煤样红外光谱图

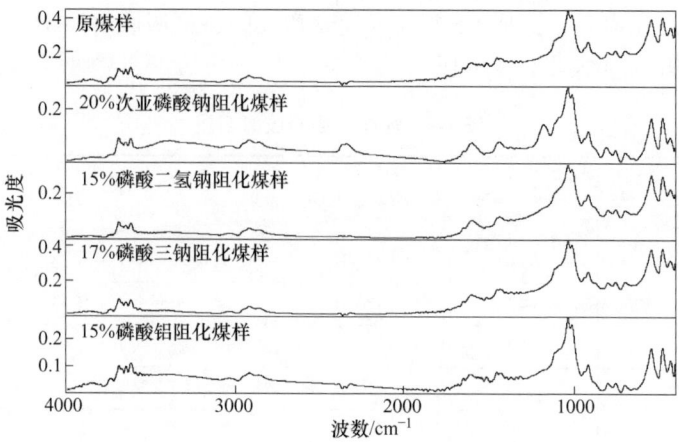

图 4-5　120℃下肥煤煤样红外光谱图

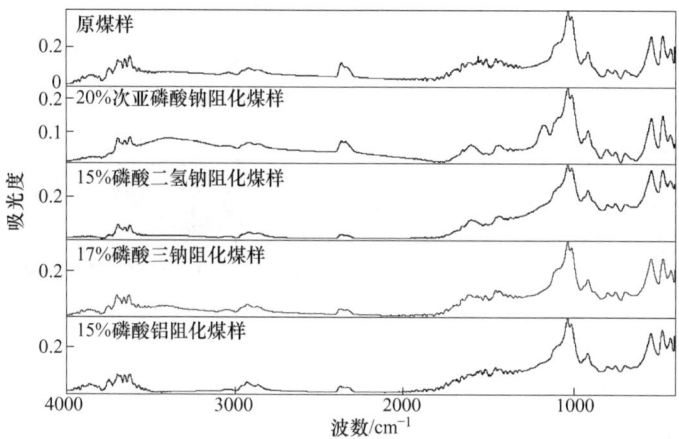

图 4-6　140℃下肥煤煤样红外光谱图

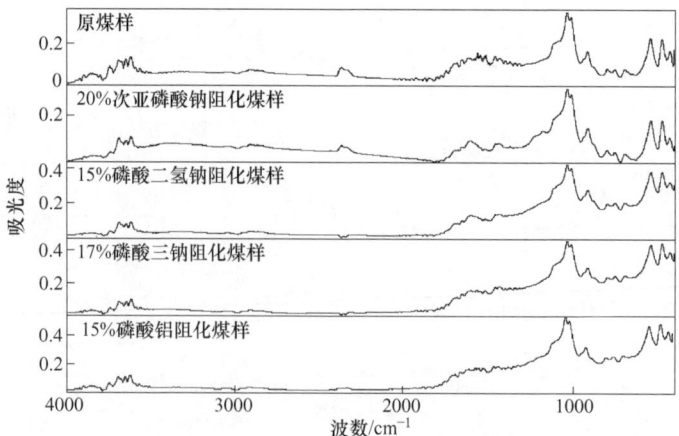

图 4-7　160℃下肥煤煤样红外光谱图

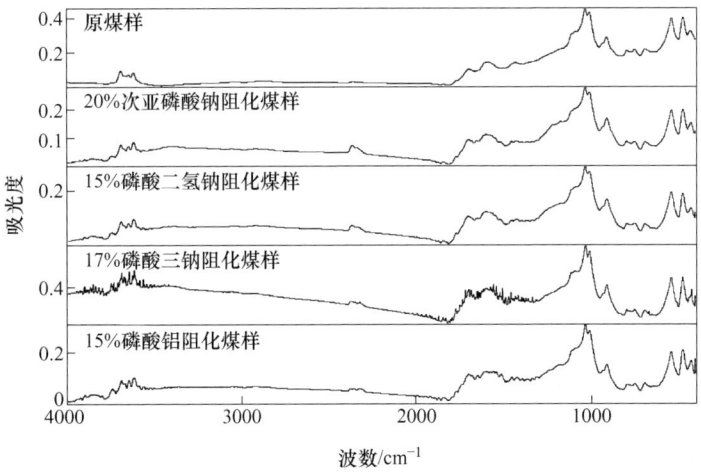

图 4-8 200℃下肥煤煤样红外光谱图

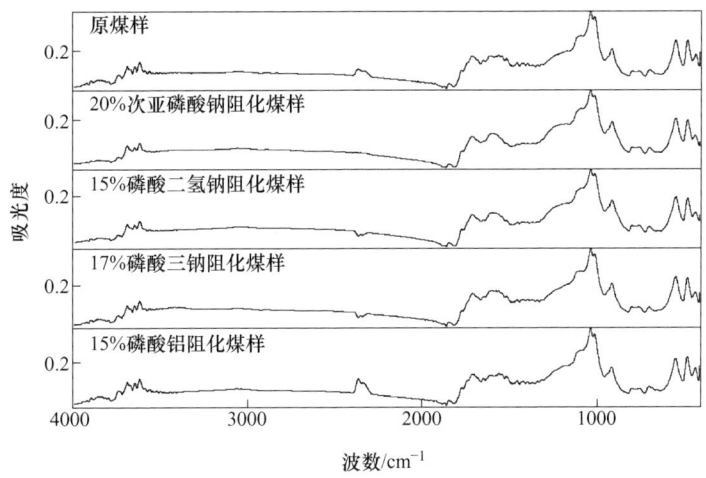

图 4-9 245℃下肥煤煤样红外光谱图

90℃时相比原煤样，加入次亚磷酸钠、磷酸二氢钠、磷酸三钠、磷酸铝四种化合物的阻化煤样羟基对应吸收峰 11、12 号峰有所增强，且前三者增强幅度大于后者。这是因为次磷酸盐及磷酸盐的亲水性，初期低温阶段吸收环境中的水分，且因为水分子是极性分子振动幅度较大，所以羟基（—OH）谱峰强度增大。而且次亚磷酸钠、磷酸二氢钠和磷酸三钠由于本身含有结晶水，并且易溶于水，因而表现更为强烈。后期随着温度的不断升高，对水分子的吸收速率小于受热蒸发速率，失去结晶水，水分开始减少，与此同时部分活性较强的羟基受热后脱离原有煤体表面生成水，从而导致羟基（—OH）谱峰强度逐步降低接近原煤样，趋近或略低于此。

4、8 号峰是含氧官能团类吸收峰。煤的变质程度越高，其结构中含氧官能团的含量就越少。其中 4 号峰归属于酚、醇、醚、酯类中 C—O，吸光度 Abs 随着温度的上升，强度先增加后减小，140℃时 Abs 达到最大值为 0.272。分析可知初期低温阶段某些官能团裂解产生了部分 C—O，C—O 含量增多吸收峰增大，Abs 增强，但 C—O 键能较大，键长短，此时温度并没有达到使 C—O 能裂解的温度。随着温度的升高，含氧官能团的活泼性质越发明显，当温度达到 160℃之后，C—O 裂解破坏，迅速发生氧化，并伴随热量的放出，吸光度逐渐下降。对比原煤样和阻化煤样发现，加入四种无机磷化合物后，4 号峰变化趋势与原煤样基本一致，且吸光度 Abs 并无太大差别，说明次磷酸盐和磷酸盐对酚、醇、醚、酯类的 C—O 影响及抑制阻化作用不大。

而 8 号吸收峰是煤分子中特有的吸收峰，归属于脂肪族中的酸酐，由羰基 C =O 的伸缩振动引起。肥煤原煤样 8 号峰随温度增高其谱峰强度逐渐增加，90℃时的吸光度 Abs 为 0.021，直到 245℃时 Abs 为 0.128，由此可知随着温度的升高有更多的活性基团发生裂解生成了羰基 C =O。而随着温度逐渐上升，CO 释放量亦在增多，C =O 氧化生成 CO，反应式大体如下：

$$\begin{array}{c} \text{O} \\ \parallel \\ \text{RC—H} + \text{O}_2 \longrightarrow \text{RCOOH} + \text{CO} \end{array} \qquad (4\text{-}1)$$

式中，R 代表煤结构内的脂肪族、芳香族或者二者结合结构。

加入除磷酸铝外其余三种无机磷化合物后吸光度 Abs 均有所降低，其中添加了次亚磷酸钠的阻化煤样下降幅度更为明显，而加入磷酸铝的阻化煤样 8 号峰趋势基本和原煤样保持一致。导致这一现象的原因可能是高温下次亚磷酸钠分解产生次磷酸根，磷酸二氢钠和磷酸三钠分解生成磷酸二氢根和磷酸根，而磷酸铝 580℃前性质较稳定，试验温度未达到其分解温度。而且，次磷酸根的还原性极强，次磷酸根可使煤分子中部分 C =O 被还原，因而 C =O 含量少于原煤样。同时随着温度的上升，原煤样跟阻化煤样羰基 C =O 吸光度的差距逐渐明显，说明温度的增加更有利于无机磷化合物阻化剂与煤分子表面官能团的反应，阻值减缓其氧化。

5、6、9、10 号峰是脂肪烃类吸收峰，是由甲基、亚甲基的振动引起的，原煤样对应的谱峰强度不高说明甲基、亚甲基含量较少，且伴随温度升高逐渐减少，说明此类官能团在自燃氧化反应中易被氧化。亚甲基—CH_2—的含量减小推测发生了如下反应：

$$\text{RCH}_2\text{O} \cdot \left\{ \begin{array}{l} \longrightarrow \text{R} \cdot + \text{CH}_2\text{O} \\ \longrightarrow \text{H} \cdot + \text{RCHO} \end{array} \right. \qquad (4\text{-}2)$$

添加四种无机磷化合物后，煤样中谱峰强度均有所降低，其中添加磷酸二氢钠和磷酸三钠的阻化煤样降幅更大，以9、10号峰表现最为明显，究其原因是因为无机磷化合物分解产生根离子与甲基及亚甲基中的 H^+ 进行结合，生成具有还原性的酸，从而减慢了甲基、亚甲基被氧化的速率。

1、2、7号峰为芳香烃类吸收峰，1、2号峰是 C—H 平面振动及外围变形振动，7号峰是芳香环中 C =C 的骨架振动。原煤样随温度升高1、2号峰吸光度变化突出，呈现出明显地减少，7号峰基本保持稳定。这可能是因为 C =C 的键能大不易发生断裂，能维持较稳定结构，因而吸光度并无太大差异；而 C—H 的键能较小，易发生断裂，温度逐渐上升能够生成 H^+ 与水分子及其他基团产生的O—H 结合后脱离。添加四种无机磷化合物阻化剂后，7号峰均无太大差异；而对于1、2号峰，与原始煤样相比，次亚磷酸钠阻化煤样呈减少趋势，磷酸二氢钠煤样在低温阶段低于原煤样，随温度上升逐渐与原煤样趋势一致，而添加磷酸三钠和磷酸铝的煤样基本与原煤样趋势一致。这可能是因为跟随温度上升，次亚磷酸钠逐渐电解出次磷酸根，其离子能够取代外部 C—H 中 H 所在位置，从而维持了苯环结构的相对稳定，所以整个过程中 C—H 吸光度呈现下降趋势；而磷酸二氢钠在低温阶段电解出磷酸二氢根亦可取代 H 所在位置维持稳定，随着温度的升高，磷酸二氢根继而电离成磷酸根与 H，磷酸根无法继续维持 H 的位置，由新产生的 H 代替此位置，从而使1、2号峰趋势逐渐接近原煤样；而磷酸三钠与磷酸铝电离出的磷酸根始终无法参与代替，所以与原煤样趋势一致。

归属于矿物质的3号峰一直很稳定，谱峰强度无论是在原煤样中还是在阻化煤样中并无太大差异。

图4-10~图4-15展示了氧化自燃过程中，气煤原煤样及相对应的阻化煤样在6个重要温度下各官能团的变化。

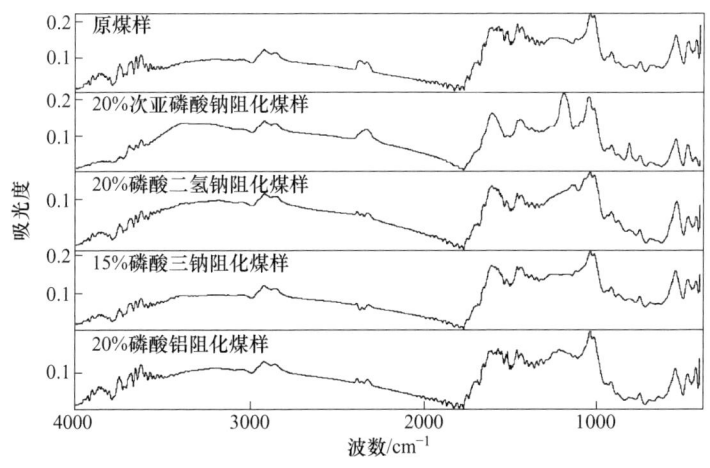

图 4-10　90℃下气煤煤样红外光谱图

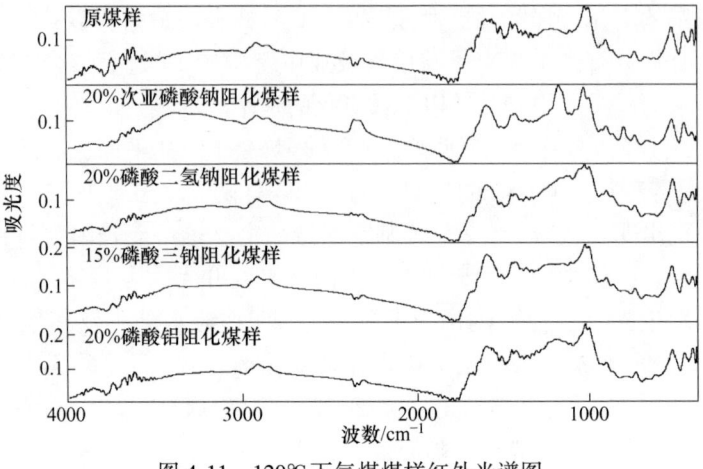

图 4-11   120℃下气煤煤样红外光谱图

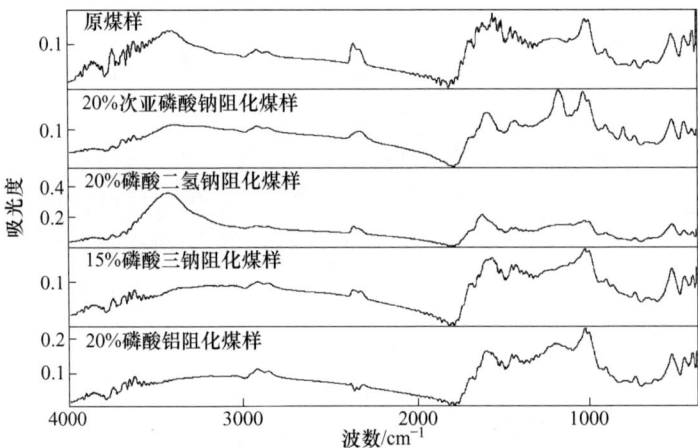

图 4-12   140℃下气煤煤样红外光谱图

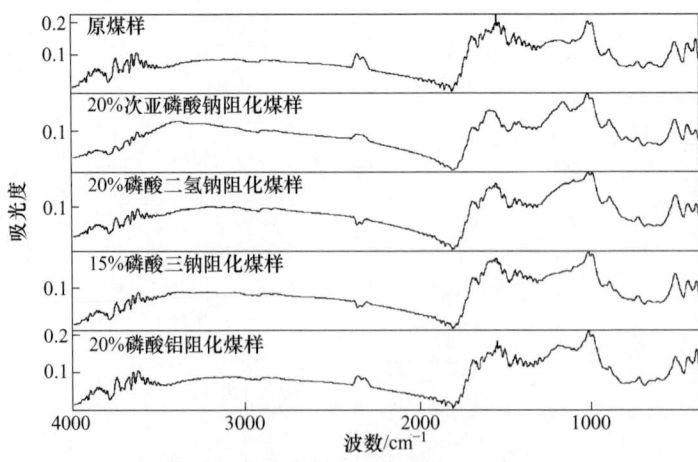

图 4-13   160℃下气煤煤样红外光谱图

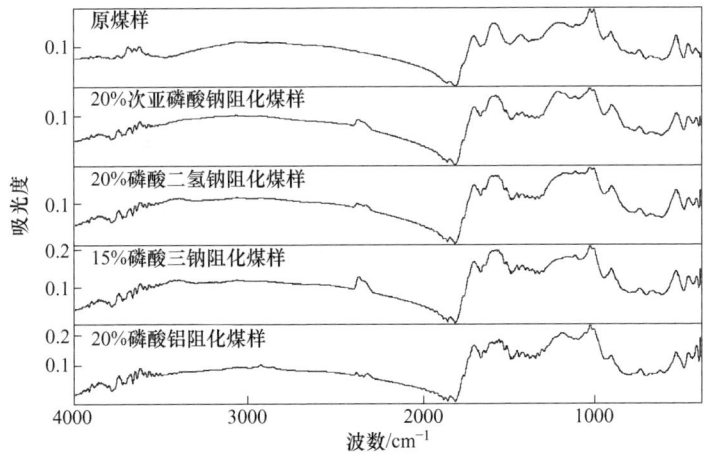

图 4-14　200℃下气煤煤样红外光谱图

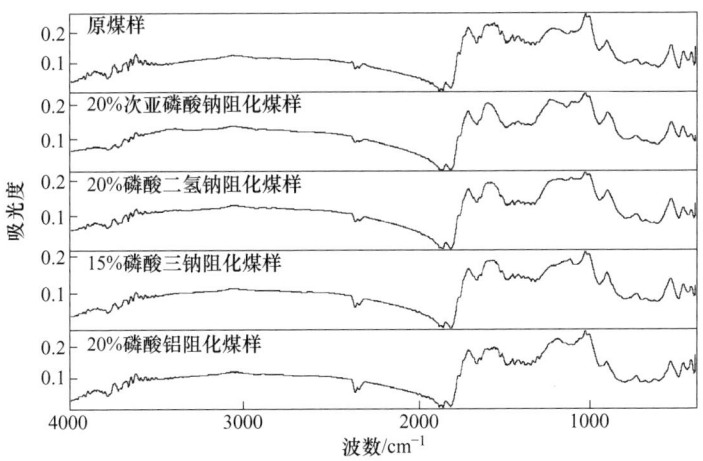

图 4-15　245℃下气煤煤样红外光谱图

由图 4-10～图 4-15 可以看出，气煤所含官能团的种类与肥煤基本相同，变化规律也基本一致，但各官能团的含量存在差异，对应阻化剂作用效果强度也不同。荆各庄气煤 4、5、6、7、9、10 号峰对应官能团含量略高于肥煤煤样，8 号峰表示的脂肪族中酸酐 C═O 含量少，红外谱图中峰强度未标出。煤炭在低温情况下，主要发生氧化反应的结构就是脂肪族类和含氧官能团，其含量变化最为明显。

4 号峰属于酚、醇、醚、酯类的 C—O，吸光度 Abs 的强度随温度上升，先增强后减弱，原理与肥煤相同，加入阻化剂后吸光度 Abs 仍无太大差异。7 号峰隶属于芳香烃类吸收峰，基本保持稳定。原因亦可能为 C═C 的键能大，不易发生断裂，能维持较稳定结构，且添加阻化剂后无太大区别。5、6、9、10 号峰为脂肪烃类，多为甲基、亚甲基的振动，峰强随着温度上升逐渐减弱，表明此类官能团在自燃氧化过程中易被氧化。加入四种无机磷化合物后，谱峰强度都有下降，此中以加入磷酸三钠后的表现最为突出。究其原因推断是因无机磷化合物分解产生了根离子与甲基、亚甲基中的 H^+ 相结合，生成还原性酸对氧化反应达成一定阻化效果。

由以上分析可知，具有亲水性的次亚磷酸盐及磷酸盐，低温阶段可吸收外界的水分，因为水分子是极性分子，振动幅度较大，所以羟基（—OH）谱峰强度增大，并且本身含有结晶水的无机磷阻化剂表现更为强烈。随温度上升水分渐渐汽化，谱峰降低。

随氧化程度增加呈削弱状态的是脂肪烃类对应吸收峰强度。煤低温氧化整个过程里，脂肪烃起到了关键作用。加入无机磷阻化剂后随温度上升，无机磷化合物分解产生的根离子可与脂肪烃中甲基、亚甲基的 H 相结合，生成还原性酸，进而延缓了甲基、亚甲基被氧化的进程。结合程序升温实验，分析可知煤分子结构中脂肪烃数量降低是引起气态烯烃及烷烃产出的原因。

随着温度的升高，含氧官能团的活泼性质越发明显，当温度达到 160℃ 之后，C—O 裂解破坏发生氧化，吸光度下降并伴随热量的放出。含氧官能团峰值先增强后减弱且增速度很快，而其他官能团峰值会随氧化温度的升高而呈现下降的趋势。结合程序升温实验分析，解释了 160℃ 时，CO 气体的含量会剧烈提升的原因。无机磷化合物阻化剂的加入会与煤分子表面官能团反应，减缓其氧化。

4.3　自由基电子顺磁共振实验

4.3.1　自由基反应机理

煤作为有机大分子物质，受到外力作用时必然会产生分子链断裂。分子链断裂实际上就是共价键断裂，因而会有大量的自由基生成。同时原生煤体中也存在一定的自由基，此类化学活性较弱相对稳定。新生成的自由基既可存在于煤样表面，又能够存在于内部新生裂隙的表面。此类自由基化学活性较强，易与空气中的氧气发生反应，并伴随有热量的释放。反应生成的过氧化物进一步分解又会生成各种气态产物和新的自由基，新产生的自由基继续又与氧气发生反应[26]。与此同时，温度也在不断地上升，煤体中原有自由基亦开始和氧气发生反应，进而释放更多热量。从而导致了煤氧化自燃现象的发生。自由基反应机理在化学层面上解释了煤与氧的复合过程。

4.3.2　实验分析原理

顺磁共振是检测未成对电子的唯一直接方法，此方法只需对样品进行简单处理即可测定且对样品本身反应无干扰，重复性好。同时顺磁共振灵敏度高，可追踪反应中的顺磁离子的产生、消失、再生及转移，直观显示反应的机制和过程。

测得的 ESR 波谱，如图 4-16 所示，以外加磁场 H 为横坐标，共振吸收强度的一次微分为纵坐标，据此可对实验煤样进行定性定量分析。ESR 波谱中主要参数为朗德因子 g、自由基浓度 N_g 及线宽 ΔH。

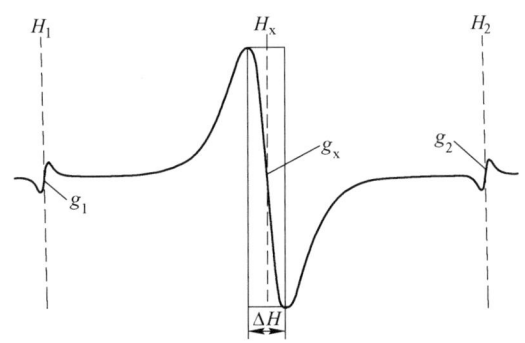

图 4-16　ESR 波谱测试曲线及参数

（1）朗德因子 g。g 值可以表示出分子的内部结构特征，其数值的大小决定了谱线在 ESR 波谱中的位置，对反应煤样分子结构具有重要意义，不同的 g 因子值代表不同的自由基种类。对于未成对电子主要定域在分子中的 C、H、N、O 原子的自由基，其 g 因子值差别一般只从小数点后第三位反映出来。

（2）自由基浓度 N_g。通过检测出煤样品中未成对电子的数量，对比出自由基的数量，表示出它的浓度。实验所测得自由基的浓度是煤中混合自由基的浓度，而不是某种特定单一自由基浓度。实验中自由基浓度 N_g 的测量原理：当被测样品与标准样品测试条件一致时，有

$$\frac{N_y}{N_s} = \frac{A_y}{A_s} \qquad\qquad (4-3)$$

式中，N_y、A_y 分别为待测煤样的自由基浓度和二次积分谱面积；N_s、A_s 分别为标准样品的自由基浓度和二次积分谱面积。

已知自由基浓度的标样 Tempo1（N_s 为 $7.25073 \times 10^{14} g^{-1}$）来标定待测煤样的自由基浓度。相同条件下分别对煤样和标样测谱，比较它们的谱图面积，间接标定待测煤样的自由基浓度。

（3）谱线强度 N_X。谱线强度是吸收曲线下的面积，EPR 谱中各谱线强度是对一次微分曲线进行二次积分，N_X 即为煤样测量谱线的二次积分谱面积。煤样的自由基浓度是与谱线强度成正比的。

（4）线宽 ΔH。线宽是描述顺磁粒子间以及顺磁粒子与晶格间能量交换的重

要参数。H 只是一个数值（点），ESR 谱线也应只是一条线。但由于自旋粒子之间、自旋粒子与其环境的相互作用，使 ESR 谱线变为谱带。这种相互作用的强度决定 ESR 谱带的宽窄。线宽与自由基的对称性存在关联，对称性降低线形变窄。此外，线宽与弛豫时间成反比。电子分布由不平衡状态恢复到平衡状态所需要的时间称为弛豫时间。弛豫作用过程主要以能量交换来恢复电子自旋平衡分布状态。弛豫时间和温度的关系比较复杂，一般情况下成反比关系。

4.3.3　实验过程

根据前阶段实验的宏观微观研究分析，以及无机磷化合物阻化剂相关化学性质，进一步筛选出分别对应两个煤样的阻化效果较好的三种不同浓度无机磷化合物，进而开始接下来的实验。对于范各庄的肥煤煤样，选取了浓度 20% 的次亚磷酸钠、15% 的磷酸二氢钠和 17% 的磷酸三钠；对于荆各庄的气煤煤样，则选出了浓度为 20% 的次亚磷酸钠、20% 的磷酸二氢钠以及 15% 的磷酸三钠。取 20g 原煤样分成 4 等份，分别加入制备好的各个阻化剂溶液，留一份作空白对照，具体制备方法参见程序升温实验。

由于各种指标气体的产生及变化的温度点在自热阶段之前表现较为明显，此阶段无机磷化合物阻化剂作用也较为突出，进入燃烧阶段对煤自燃阻化研究无太大意义，故实验温度都取在 200℃ 之内，此时煤样最大氧化程度可到达煤燃烧的初始阶段。

实验是在徐州中国矿业大学理学院实验室进行，实验仪器为日产 JES-FA200 型自旋共振光谱仪 X 波段（9GHz），如图 4-17 所示。微波功率为 0.998mW，中心磁场为 323.006mT，扫描宽度为 5mT，调制频率为 100kHz，调制宽度为 0.01mT，时间常数为 0.03s，扫描时间为 1min，放大倍数为 20，称量样品均为 15mg。

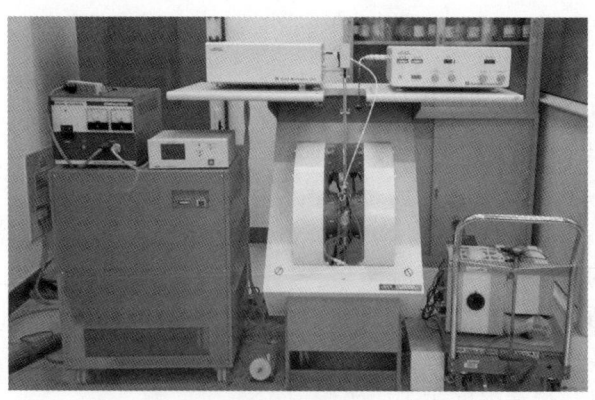

图 4-17　JES-FA200 型自旋共振光谱仪

4.4 自由基电子顺磁共振实验结果分析

4.4.1 电子顺磁共振波谱线分析

选取煤氧化升温实验结论中指标气体产出及发生突变的特征温度点，利用电子顺磁共振波谱仪对范各庄肥煤、荆各庄气煤及对应阻化煤样进行测定，测得的 ESR 实验数据经 Origin8.5 处理所得谱线图如图 4-18~图 4-25 所示。

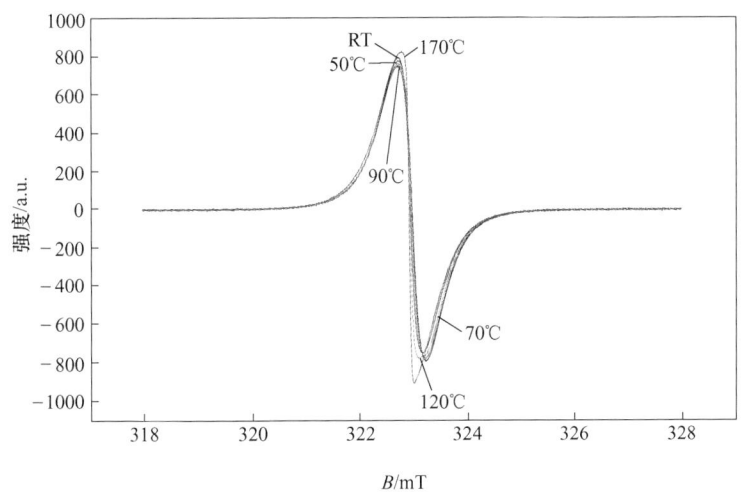

图 4-18　肥煤电子顺磁共振波谱线

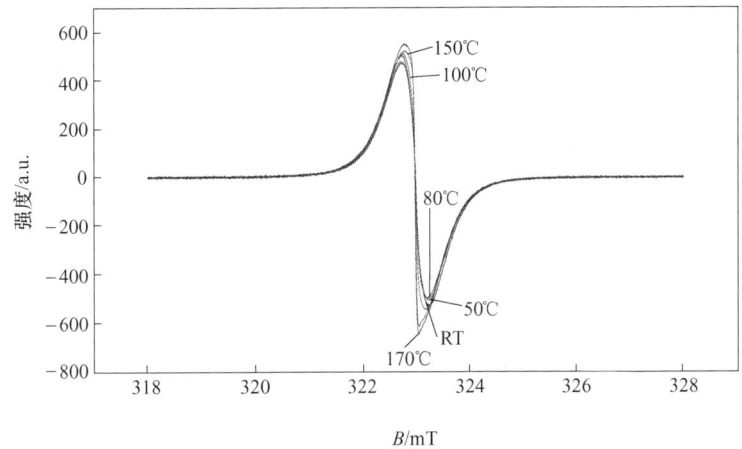

图 4-19　加入次亚磷酸钠肥煤电子顺磁共振波谱线

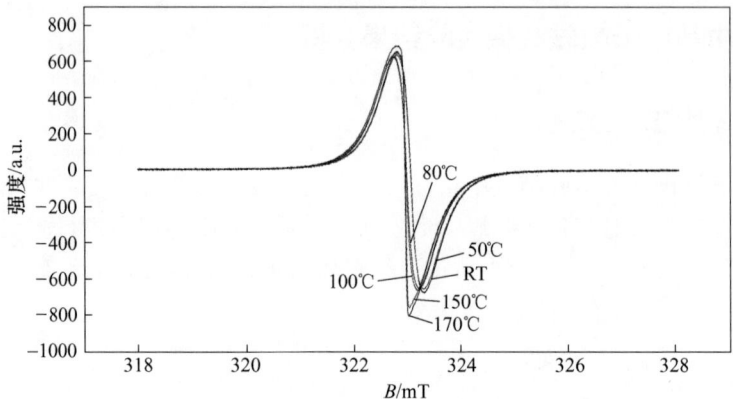

图 4-20　加入磷酸二氢钠肥煤电子顺磁共振波谱线

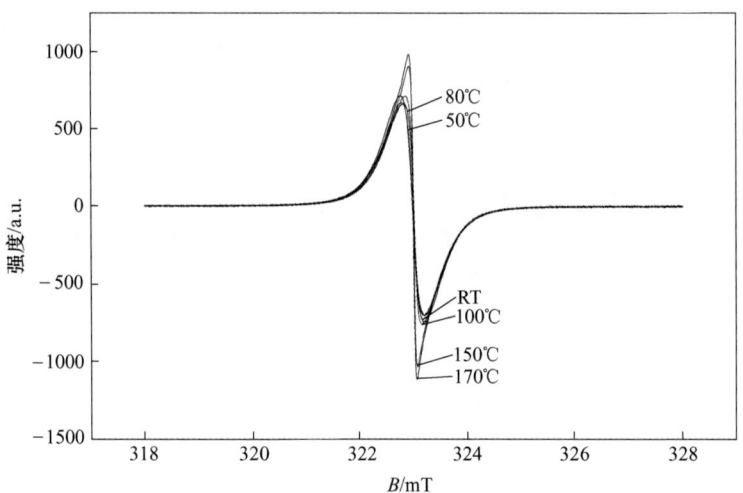

图 4-21　加入磷酸三钠肥煤电子顺磁共振波谱线

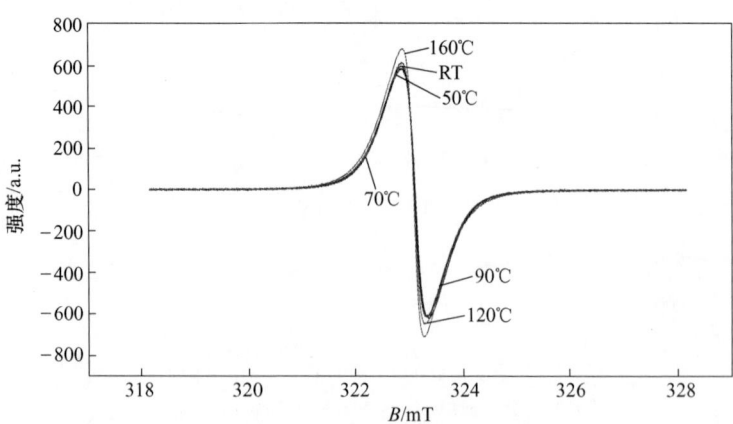

图 4-22　气煤电子顺磁共振波谱线

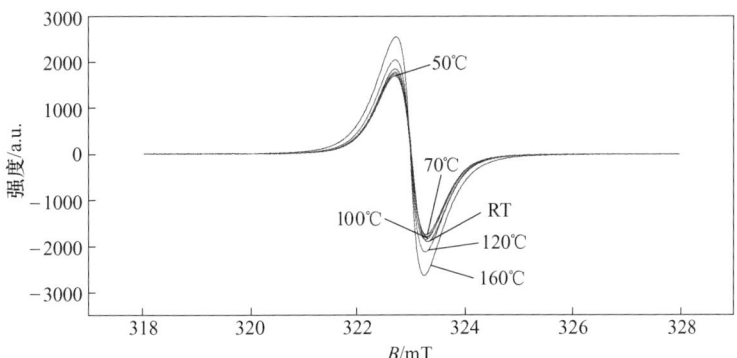

图 4-23　加入次亚磷酸钠气煤电子顺磁共振波谱线

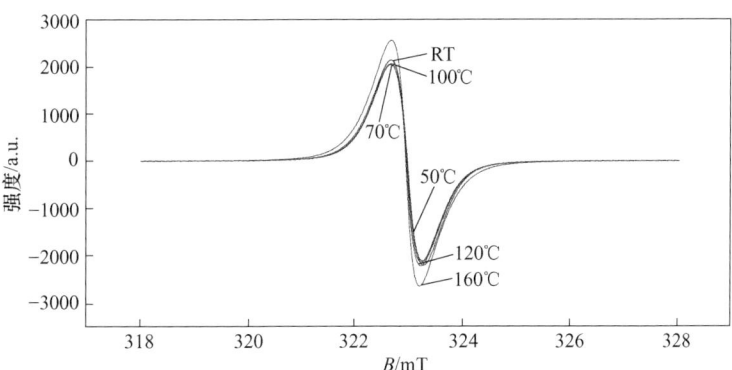

图 4-24　加入磷酸二氢钠气煤电子顺磁共振波谱线

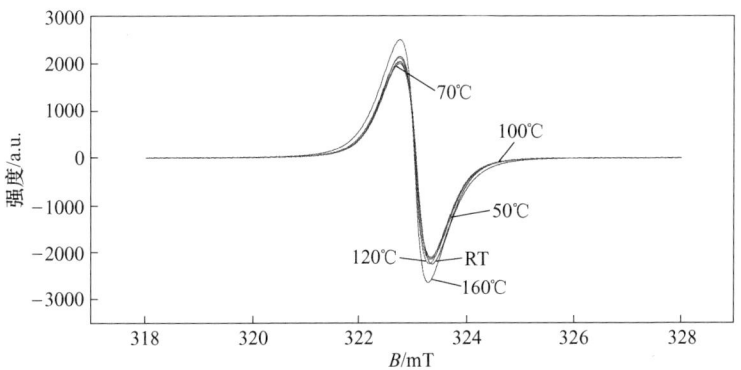

图 4-25　加入磷酸三钠气煤电子顺磁共振波谱线

观察电子顺磁共振 EPR 谱图，可看到随着温度的升高，线宽 ΔH 和峰高 S 的变化，以及加入阻化剂后与原煤样相比发生的改变。对比图 4-18 和图 4-22，明显可以看到肥煤煤样线宽略小于气煤煤样，不同煤种变质程度越高线宽越窄。线宽与弛豫时间成反比。弛豫作用过程很复杂，主要通过能量交换的方式来恢复到平衡状态。其作用机制包括自旋-晶格弛豫以及自旋-自旋弛豫。肥煤的变质程度相对较高，芳香环缩合程度较大，使得电子自旋-晶格相互作用的弛豫时间较长，从而谱线线宽变窄。另一方面由于自然氧化过程中自由基数目的改变，它们之间的相互作用随温度变化发生改变，自旋-自旋作用加强，造成谱线宽度的变化。不同煤种所含官能团不同，两种作用机制强弱则不同。加入无机磷化合物阻化剂后，与原煤样相比线宽整体变窄，可能是无机磷化合物分解产生的新电子参与自旋-晶格弛豫和自旋-自旋弛豫作用，增加了弛豫时间，从而线宽整体变窄。

煤样自由基浓度是根据 ESR 谱图的面积确定的，峰高和线宽是决定谱图面积的重要参数，而谱线下的面积用谱线强度 N_X 表示。煤样自由基浓度与谱线强度成正比，且线高的变化趋势基本与自由基浓度变化趋势相同。因此，可以近似认为线高是表征样品自由基信号的参数。无论是原煤样还是加入无机磷阻化剂的煤样，其线高 S 基本是先减小后增大，具体变化结合后续 g 因子及自由基浓度 N_g 分析。

4.4.2　阻化前后 g 因子随温度变化对比分析

在特征温度点下，对范各庄肥煤和荆各庄气煤及其对应阻化煤样进行测定，得到测定温度时 g 因子值，利用 Origin8.5 绘图，结果如图 4-26 和图 4-27 所示。

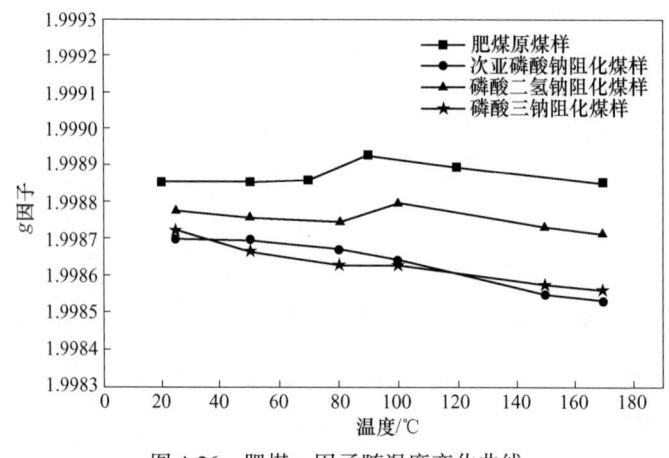

图 4-26　肥煤 g 因子随温度变化曲线

g 因子值可以表示分子的内部结构特征，其数值的大小决定了谱线在 ESR 波谱中位置，对研究煤分子结构具有重要意义。不同的 g 因子值代表着不一样的自由基种类，可以通过 g 因子推断自由基种类。总体看来，常温下煤的自由基 g 因

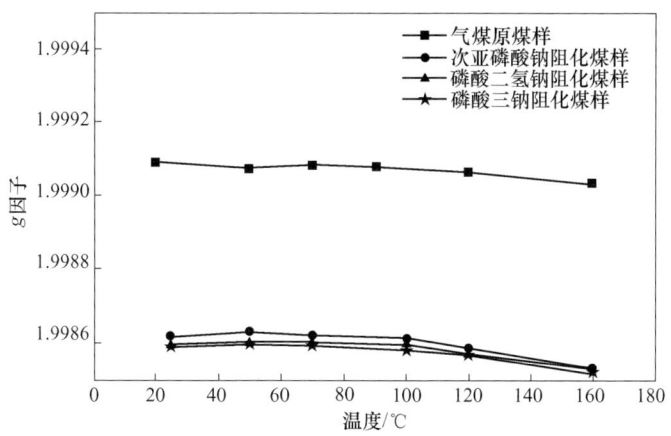

图 4-27 气煤 g 因子随温度变化曲线

子的值在 1.9986~1.9991 之间，和自由电子的 g 因子值很接近，其原因是煤中所含自由基的不成对电子运动轨迹不受限于某一条特定轨道，而是运动于一个高度非局部区域化的轨道内。根据相关领域专家及学者总结出的一些自由基对应 g 值范围，结合煤分子结构可知，煤中自由基未成对电子多位于 C、H、O、N、S 等原子上，也可能含有金属络合物自由基。其 g 因子值差别一般只反映在小数点之后第三位上。

观察图 4-26 和图 4-27 未加阻化剂的原肥煤煤样 g 因子略低于气煤。这是因为对于不同种类的自由基，以含碳原子为中心的自由基对应 g 值较小，过氧化、硫类及金属离子络合物自由基 g 值则偏大。肥煤的变质程度高于气煤，煤的变质程度愈高，含碳量就愈多，g 因子有减小趋势。而变质程度较低的煤，含氧官能团类自由基较多，煤中的杂质成分如氮、硫和一些金属自由基也较多，g 值偏大。加入无机磷化合物后，g 因子的变化规律则各不相同。

加入无机磷化合物阻化剂后，g 因子在不同氧化温度下变化还是很明显的。g 因子的变化可以反映出煤样在自然氧化阻化过程中自由基含量在发生着相应的变化，整个反应过程与自由基的反应直接相关。对于肥煤而言，加入次亚磷酸钠、磷酸二氢钠和磷酸三钠三种阻化剂后，g 因子值均降低，磷酸二氢钠与磷酸三钠阻化煤样 g 因子随温度变化趋势同原煤样保持一致，表现为先上升后下降；而加入次亚磷酸钠的阻化煤样则表现出先略有上升后大幅下降的趋势。g 因子值增大可以说明含氧自由基在逐渐增多，尤其是过氧化物自由基的含量在增大。对于气煤，加入三种阻化剂 g 因子均降低，且趋势基本一致。总体来说，在 50℃～100℃ 之间 g 因子的变化最为明显，g 因子的突变点也在特征温度附近，可见煤种自由基种类在特征温度附近变化最为明显，具体自由基的变化需结合自由基浓度 N_g 的变化及上阶段红外光谱实验对于官能团的探究进行推测。

4.4.3　阻化前后自由基浓度随温度变化对比分析

实验得出范各庄肥煤和荆各庄气煤及其阻化煤样在测定温度点对应自由基浓度 N_g，结果见表 4-2 和表 4-3。

表 4-2　肥煤测定温度点及对应的自由基浓度

名　　称	自由基浓度（温度点/℃）/$10^{17}\mathrm{g}^{-1}$					
原煤样	1.91986(25)	1.86321(50)	1.82158(80)	1.77817(100)	1.74621(150)	1.85051(170)
20%次亚磷酸钠阻化煤样	1.01975(25)	0.95231(50)	0.92945(80)	0.97587(100)	1.01086(150)	1.03312(170)
15%磷酸二氢钠阻化煤样	1.33783(25)	1.28354(50)	1.26109(80)	1.24231(100)	1.22383(150)	1.28002(170)
17%磷酸三钠阻化煤样	1.31086(25)	1.21717(50)	1.17792(80)	1.19437(100)	1.23967(150)	1.31469(170)

表 4-3　气煤测定温度点及对应的自由基浓度

名　　称	自由基浓度（温度点/℃）/$10^{17}\mathrm{g}^{-1}$					
原煤样	1.34265(25)	1.30051(50)	1.28983(70)	1.30014(100)	1.35573(120)	1.50029(160)
20%次亚磷酸钠阻化煤样	0.37252(25)	0.34749(50)	0.33925(70)	0.35833(100)	0.41474(120)	0.55376(160)
20%磷酸二氢钠阻化煤样	0.43633(25)	0.41493(50)	0.41227(70)	0.41660(100)	0.44109(120)	0.56198(160)
15%磷酸三钠阻化煤样	0.43292(25)	0.41707(50)	0.41456(70)	0.43152(100)	0.46350(120)	0.55592(160)

为了更清楚地观测到自由基浓度 N_g 的变化，探究煤自燃氧化阻化过程中自由基变化规律，将不同温度点自由基浓度 N_g 用 Excel 进行拟合，拟合曲线如图 4-28 和图 4-29 所示。对应拟合公式以及 R^2 值见表 4-4。

（1）顺磁共振法测定物质所含自由基浓度 N_g，煤自燃氧化过程中，分子中芳香环、环烷烃、杂环结构都比较稳定，而含氧基团和侧链的结合力较小，结构较活泼。氧分子被煤体表面的活性基团吸附进行反应，在分子间力作用下，氧分子键发生断裂产生—O—O—与甲基、次甲基等反应，又形成烃类自由基，新生自由基再与氧发生反应，再生成过氧化物自由基，过氧化物自由基遇热后又分解出不同自由基，如此连续，自由基不断处在产生与结合消耗之中[65]。以此推断如果自由基产生的速率大于结合速率，自由基浓度就会上升，反之则会下降。

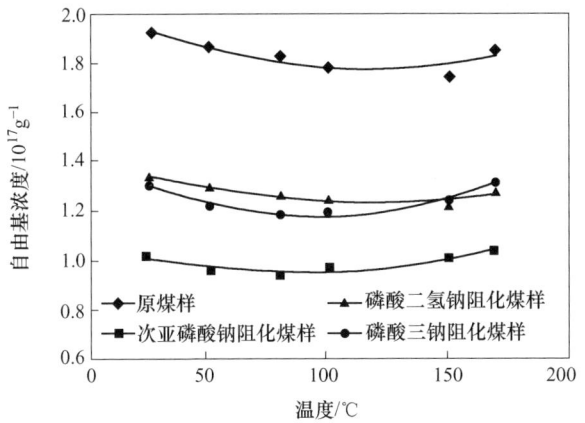

图 4-28 肥煤自由基浓度变化规律

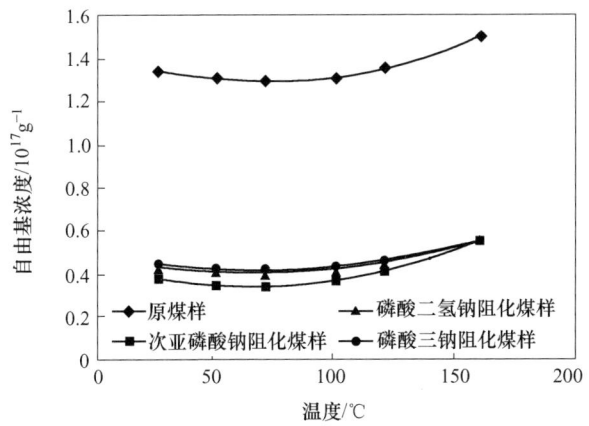

图 4-29 气煤自由基浓度变化规律

表 4-4 实验煤样自由基浓度变化规律的拟合公式

名 称	公 式	R^2
肥煤原煤样	$y = 2 \times 10^{-5} x^2 - 0.004x + 2.025$	0.819
次亚磷酸钠肥煤阻化煤样	$y = 1 \times 10^{-5} x^2 - 0.002x + 1.059$	0.796
磷酸二氢钠肥煤阻化煤样	$y = 1 \times 10^{-5} x^2 - 0.002x + 1.401$	0.893
磷酸三钠肥煤阻化煤样	$y = 2 \times 10^{-5} x^2 - 0.004x + 1.407$	0.962
气煤原煤样	$y = 3 \times 10^{-5} x^2 - 0.003x + 1.424$	0.996
次亚磷酸钠气煤阻化煤样	$y = 2 \times 10^{-5} x^2 - 0.003x + 0.438$	0.996
磷酸二氢钠气煤阻化煤样	$y = 2 \times 10^{-5} x^2 - 0.002x + 0.497$	0.984
磷酸三钠气煤阻化煤样	$y = 2 \times 10^{-5} x^2 - 0.001x + 0.471$	0.999

观察图 4-28 和图 4-29，从总体上看，各煤样自由基浓度变化趋势都是先减少后增多，只是产生变化的温度点不同及变化幅度大小不同，这与不同煤样所含不同种类活性基团多少有关。而煤氧化作用进行的难易程度，并不是取决于原煤中的自由基浓度，而取决于开始氧化之后，自由基浓度增加的速率。阻化剂的加入既减缓了原生自由基的反应，也减缓了新生自由基的产生，随着温度的增加自由基浓度的增加速度减缓。

（2）对比图 4-28 和图 4-29 原煤样拟合方程曲线可知，煤样变质程度愈高所含自由基浓度愈大。各煤样自由基浓度开始时基本保持稳定，这可能是因为，煤自然氧化潜伏期，温度未达到能使煤内共价键断裂的程度，没有很多新生自由基的出现；且随氧化温度开始初步上升，煤中某些侧链及活性基团共价键断裂引起新生自由基出现，然而与此同时煤中原生自由基参与了下一步的氧化反应，新生的和消耗的数量相当，所以自由基的含量自然氧化初期无明显变化。

接着自由基浓度开始下降，是由于煤中原生游离自由基浓度增加，原生游离的自由基性质极为活泼，与氧分子键断开形成的—O—O—开始发生反应。而氧化的前期温度能引起煤分子中的化学结构产生新自由基的数量较少，所以自由基的浓度降低。随着温度的升高，自由基浓度开始上升，这是因为一些稳定的化学结构、活性基团、侧链开始断裂生成大量新的自由基，而此时煤样中原生自由基也基本消耗殆尽，参与反应消耗的自由基少于新产生的自由基，从而自由基浓度开始增加。加入无机磷化合物阻化剂后，自由基浓度均不同程度低于原煤样，但随温度升高变化趋势基本一致，说明阻化剂的添加延缓阻止了部分自由基的活动。

（3）由程序升温氧化实验可知 60℃ 左右肥煤开始产生 CO 气体，从室温到临界点温度点处，其自由基浓度呈逐渐减小的趋势。这可能是因为煤样中自身的混合自由基浓度较多，种类也较多，煤中某些活泼的自由基种类已经与氧分子接触发生了氧化反应，而此时的温度还不能达到煤分子结构中活性基团、侧链断裂的程度，因而此阶段内自由基浓度减小。对比红外光谱数据可知，在生成 CO 对应温度时，归属于醛基的 C—H、C=O 的含量减小，亚甲基含量也减小。肥煤变质程度相对高，其中的芳香环数量相对多，煤分子中原有醛基稳定性相对较高，此时发生反应的为新生醛基，其生成量小于消耗量，所以含量下降，自由基浓度减小。推测发生反应的自由基变化过程如本章反应式（4-1）和反应式（4-2）所示。添加次亚磷酸钠、磷酸二氢钠以及磷酸三钠三种阻化剂后，混合自由基浓度均有下降且次亚磷酸钠阻化煤样下降幅度更为明显，这是因为三种无机磷化合物分解产生的自由基与 C—H、C=O 发生反应，且次亚磷酸还原性极强，可使部分 C=O 被还原。

而对于气煤，由红外光谱实验得知 50℃ 时开始释放出 CO 气体，此时混合自由基浓度只是略有下降，下降幅度小于肥煤，可能是因为此时温度较低，不足以使共价键断裂，产生自由基数量极少，又因气煤室温下混合自由基浓度本身就小，可与发生反应的原生自由基也较少。对比红外光谱数据，C＝O、C—H 均有所减少，亚甲基含量未发生大的变化，推测此时的 CO 的产生是醛基的氧化生成了 CO。加入三种阻化剂后，自由基浓度下降，幅度相差不大，其反应机理同肥煤相似。

（4）随温度不断上升，煤的自燃氧化反应开始加剧，CO 气体释放量逐渐增多。自由基的数量也开始缓慢增多。表明此时煤分子结构中的活性基团及侧链开始发生断裂，生成新的自由基，同时煤中原有的和次生的自由基参与自燃氧化反应造成消耗。生成自由基的数目逐渐多于消耗自由基的数目。此时由红外光谱的数据分析得知，属于醇酚中 O—H、属于醛基中 C—H 以及亚甲基都继续下降。然而此时属于醚或酯中的 C—O 变化不大，说明这种结构相对稳定，需要更高的温度才能发生键的断裂。CO 气体的产生可以看作是自由基和活性基团联合作用的结果。无机磷化合物的加入延缓了自由基和活性基团共同作用参与自燃氧化反应，无机磷化合物分解产生根离子与甲基、亚甲基 H⁺结合，生成具有还原性的酸，从而减慢甲基、亚甲基的氧化。

（5）温度继续升高，煤的自燃氧化反应加剧，肥煤 120℃ 左右、气煤 100℃ 左右，CO 气体大量释放且相继产生 C_2H_4、C_2H_6、C_3H_8 各种指标气体。这与自由基浓度 N_g 上升温度点相对应。此时对应红外光谱中出现了≡C—H、＝C—H，且 C—O、C＝O、O—H 官能团含量均有所减小。红外光谱实验中推测氧分子攻击煤分子苯环侧链从而生成了乙烯，而丙基侧链断裂生成对应的自由基与氧反应生成丙烷，同样的乙基侧链断裂进而生成乙烷。主要反应式如下：

$$Ar - CH_2 - CH \!=\!=\! CH_2 + O_2 \longrightarrow Ar - CH_2 - COOH + C_2H_4$$
$$RCH_2CH_2CH_3 \longrightarrow R \cdot + \cdot CH_2CH_2CH_3 \qquad\qquad (4\text{-}4)$$
$$RCH_2CH_3 \longrightarrow R \cdot + CH_2CH_3 \cdot$$

由此可知：煤氧化过程中自由基与活性基团相互反应，一般是活性基团断裂生成自由基，自由基再自反应或者其他的反应生成相应的活性基团结构或者对应的指标气体。

此阶段煤的混合自由基的浓度不断上升，煤样中的原生自由基基本已经消耗完，测得的自由基浓度为新生自由基的混合浓度。且新生成的自由基的数量多于参与各种反应的自由基的数量，所以呈上升趋势。

（6）120℃ 以后温度继续升高，自由基浓度快速增大，煤自燃氧化进入燃烧的初始阶段，在此阶段中醚键也开始断裂，乙醚侧链断裂生成自由基，进而反应生成了乙烯、乙烷气体。推测发生的反应式如下：

$$CH_3CH_2 \cdot + CH_3CH_2O \cdot \begin{cases} \xrightarrow{\text{偶联}} CH_3CH_2 \!-\! O \!-\! CH_2CH_3 \\ \xrightarrow{\text{歧化}} CH_3CH_3 + CH_3CHO \\ \xrightarrow{\text{歧化}} CH_2 = CH_2 + CH_3CH_2OH \end{cases} \quad (4\text{-}5)$$

　　总体来看，三种无机磷化合物都有良好的阻化效果，而煤自燃氧化作用的难易程度并非主要取决于原煤中的自由基浓度，而是在开始氧化后，自由基浓度增加的速率。对于肥煤而言，加入15%磷酸二氢钠阻化剂后自由基浓度增加的速率最低；而对于气煤则是15%磷酸三钠阻化剂自由基浓度增加的速率最低。换言之，对于肥煤和气煤而言，这两种阻化剂具有比较强的捕捉活性自由基的能力，阻化效能较高。此推论也印证了程序升温-气象色谱联用实验中从阻化率角度得出的结论[63,68]。

⑤ 有机磷化合物阻化煤样红外光谱微观结构分析

5.1 实验煤样的制备

取制备好的 0.074mm（200 目）以下煤样 2g，用上述配好的阻化液进行阻化处理，煤样与阻化液按 4∶1 进行加入。配制好后放置 12h 后，再放恒温干燥箱在不同的温度下干燥 12h 后装入煤样袋，以作备用。以原煤样作为参考煤样，此实验的温度点的选取为从 30℃ 到 160℃，每隔 10℃ 进行煤样处理红外测试；从 160℃ 到 240℃，每隔 20℃ 进行煤样处理红外测试。

对两种煤样优选的有机磷浓度的阻化煤样进行红外光谱分析，肥煤为 30%（质量分数）苯基次膦酸、10%（质量分数）CEPPA、8%（体积分数）DMMP；气煤为 30%（质量分数）苯基次膦酸、8%（质量分数）CEPPA、15%（体积分数）DMMP。

实验采用日本产岛津 FTIR-8400 傅里叶变换红外光谱仪进行分析，实验过程见第 4 章。

5.2 红外光谱吸收峰

在煤的红外光谱中，吸收峰的强弱有所不同，而特征峰的峰形较为相似，这主要是煤中官能团的种类较为相似，只是数量上有所不同造成的。煤中基团主要包括含氧基团（包括羟基、羧基、甲氧基、羰基、非活性氧）、烷基侧链、含硫基团、含氮基团等。这些基团在煤的红外光谱图中表现出峰的高低和峰面积值不同。而羟基、羧基、羰基是含氧基团的主要存在形式，这三种基团中所存在的氧含量几乎与煤中通过实验直接测知的含氧总数一致。

在煤氧化自燃整个过程中，当温度上升到某一阶段，煤分子结构中相应部分化学键便会出现裂解及重组现象，并伴随产生具有化学活性的自由基。不同种类煤分子结构都不相同，对应吸收峰强度亦不尽相同，但其谱峰所在位置是不会发生变动的。因此，一般情况下在红外光谱图上找寻几个特征峰，大抵上即可依此推断物质结构并对比分析结构变化。煤分子结构中最易与氧气复合进行反应的部分为桥键，主要为分子表面侧链中的甲基、亚甲基等脂肪烃，还有羟基、羰基以及醚氧键等所属的含氧官能团。

红外光谱的波段由近、中、远红外三部分组成。近红外区为 1500～4000cm^{-1}，主要应用在天然有机物的定量分析；中红外区为 400～4000cm^{-1}，主要用于有机结构的分析；远红外区为 10～400cm^{-1}，主要应用在分析元素有机物。分析煤中官能团的种类和数量的变化情况，主要用的是中红外区 400～4000cm^{-1} 范围。

根据前人对煤中官能团吸收峰位置的研究成果，煤的红外光吸收峰归属见表 5-1。

表 5-1　煤样主要吸收峰特征

谱峰类型	谱峰编号	谱峰位置/cm^{-1}	官能团	谱峰归属
羟基	1	3697～3684	—OH	游离的羟基
	2	3624～3613	—OH	分子内氢键
	3	3550～3200	—OH	酚、醇、羧酸羟基或分子间缔合的氢键
脂肪烃	4	2922～2918	—CH$_2$、—CH$_3$	甲基、亚甲基不对称伸缩振动
	5	2858～2847	—CH$_2$、—CH$_3$	甲基、亚甲基对称伸缩振动
	6	1449～1439	—CH$_2$—CH$_3$	亚甲基剪切振动
	7	1379～1373	—CH$_3$	甲基剪切振动
芳香烃	8	3050～3030	—CH	芳烃 CH 伸缩振动
	9	1604～1599	C＝C	芳香环中 C＝C 伸缩振动
	10	900～700		多种取代芳烃的面外弯曲振动
含氧官能团	11	1736～1722	C＝O	醛、酮、酸的羰基伸缩振动
	12	1790～1770	C＝O	酯类的羰基伸缩振动
	13	1040	C—O—C	烷基醚
	14	1715～1690	C—O—O—H	羧基

5.3　原煤样红外光谱微观结构分析

为了能够更加直观、清楚、细微地比较煤样在氧化的整个过程中，各类官能团种类和数量的变化，及其对应吸收峰的位置和强度的变化情况，将煤样的红外光谱图中的各主要的特征峰进行标峰，并根据常温状态下煤样的红外光谱图对其进行整理，找出其主要的特征吸收峰，并划分特征吸收峰归属。利用 OMNIC 软件绘制常温下钱家营和东欢坨原煤样的红外光谱图 5-1 和图 5-2，分析结果见表5-2 和表 5-3。图 5-1、图 5-2 中纵坐标表示吸光度 A，没有单位；横坐标表示波数 v，单位为 cm^{-1}。

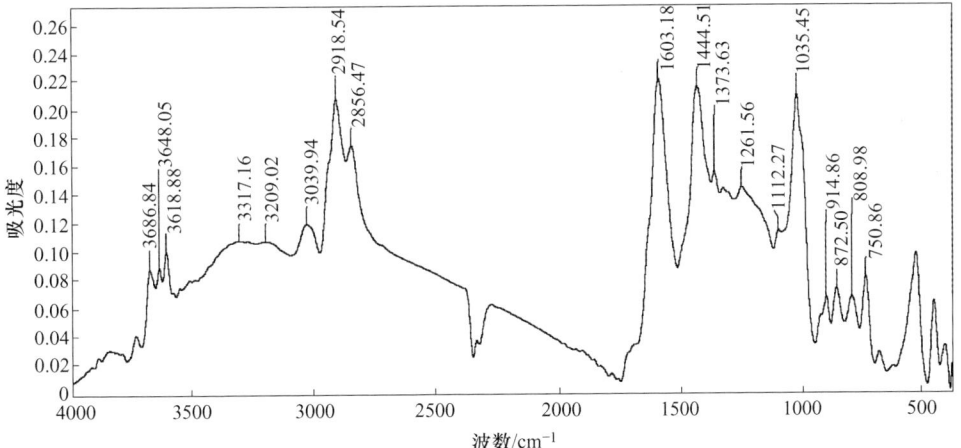

图 5-1　常温下钱家营原煤红外光谱图

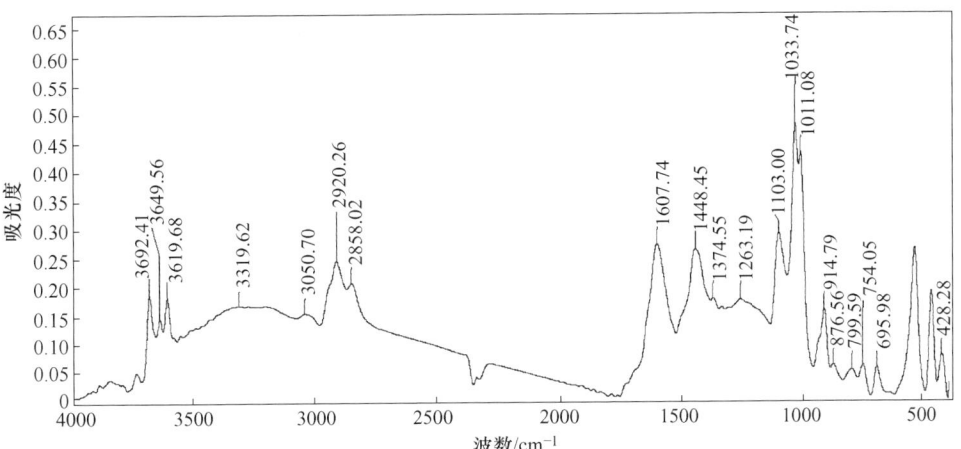

图 5-2　常温下东欢坨原煤红外光谱图

表 5-2　钱家营煤样主要吸收峰归属特征

谱峰类型	谱峰编号	谱峰位置/cm⁻¹	官能团	谱峰归属
含氧官能团	1	3686.24~3648.05	—OH	游离的羟基
	2	3618.88	—OH	分子内氢键
	3	3317.16~3209.02	—OH	酚、醇、羧酸羟基或分子间缔合的氢键
	4	1261.56	Ar—CO	芳香醚
	5	1112.27	C—O—C	烷基醚

谱峰类型	谱峰编号	谱峰位置/cm⁻¹	官能团	谱 峰 归 属
脂肪烃	6	2918.54	—CH₂、—CH₃	甲基、亚甲基不对称伸缩振动
	7	2856.47	—CH₂、—CH₃	甲基、亚甲基对称伸缩振动
	8	1444.51	—CH₂—CH₃	亚甲基剪切振动
	9	1373.63	—CH₃	甲基剪切振动
芳香烃	10	3039.94	—CH	芳烃 CH 伸缩振动
	11	1603.18	C＝C	芳香环中 C＝C 伸缩振动
	12	872.50~750.86		多种取代芳烃的面外弯曲振动
矿物质	13	1035.45~914.86		矿物质

表 5-3　东欢坨煤样主要吸收峰归属特征

谱峰类型	谱峰编号	谱峰位置/cm⁻¹	官能团	谱 峰 归 属
含氧官能团	1	3692.41~3649.56	—OH	游离的羟基
	2	3619.68	—OH	分子内氢键
	3	3319.62	—OH	酚、醇、羧酸羟基或分子间缔合的氢键
	4	1263.19	Ar—CO	芳香醚
	5	1103.00	C—O—C	烷基醚
脂肪烃	6	2920.26	—CH₂、—CH₃	甲基、亚甲基不对称伸缩振动
	7	2858.02	—CH₂、—CH₃	甲基、亚甲基对称伸缩振动
	8	1448.45	—CH₂—CH₃	亚甲基剪切振动
	9	1374.55	—CH₃	甲基剪切振动
芳香烃	10	3050.70	—CH	芳烃 CH 伸缩振动
	11	1607.74	C＝C	芳香环中 C＝C 伸缩振动
	12	876.56~695.98		多种取代芳烃的面外弯曲振动
矿物质	13	1033.74~914.79		矿物质

通过以上的分析可知，将煤中的官能团主要分为三大类：芳香烃、脂肪烃、含氧官能团。由表 5-2、表 5-3 及图 5-3 可以看出，煤样的种类的不同，其在红外光谱图中表现的峰的高低及峰面积值的大小不同。但两种煤样所表现的特征吸收峰的形状基本相似，说明煤中含有相似的官能团；吸收峰吸光度的强度不同，说明这些相似的官能团在数量上存在差异性。

1、2、3、4、5 号峰归属于含氧官能团吸收峰，其中 1、2、3 号峰属于羟基，羟基的谱峰位置在 3700~3200cm⁻¹ 范围。其中 1 号峰 3686.24~3648.05cm⁻¹、3692.41~3649.56cm⁻¹ 属于游离的羟基；2 号峰 3618.88cm⁻¹、3619.68cm⁻¹ 属于

—OH 自缔和氢键的伸缩振动。1、2 号峰是判断有无醇类和酚类以及有机酸类的重要依据，这两个谱峰的峰形尖锐，为尖锐吸收峰。3 号峰 3317.16 ~ 3209.02cm^{-1}、3319.62cm^{-1}为酚、醇、羧酸羟基或分子间缔合的氢键。4 号和 5 号峰分别属于芳香醚和烷基醚。煤样的变质程度的高低与煤中含氧官能团的数量有关。含氧官能团可以提高煤的反应活性，在与空气中的氧气发生反应时容易生成不稳定的过氧化氢、过氧化物等中间产物，并进一步发生分解生成气体，同时放出热量，使煤体的温度升高，增加了煤发生自燃的可能性。羟基在煤分子中占有较大的含量，且是影响煤反应性的重要官能团之一，因为它在煤分子的端基在侧链上存在，在受到热时容易发生氧化反应导致链断裂。因此，可以根据羟基在红外光谱图中的峰强及峰面积的大小判断煤样的氧化难易程度。由图 5-3 常温下两种煤样的红外光谱图可知，在 3700~3200cm^{-1} 范围内，东欢坨煤样的吸收峰强度及峰面积都比钱家营煤样的比例大，说明东欢坨煤样容易发生氧化而自燃。

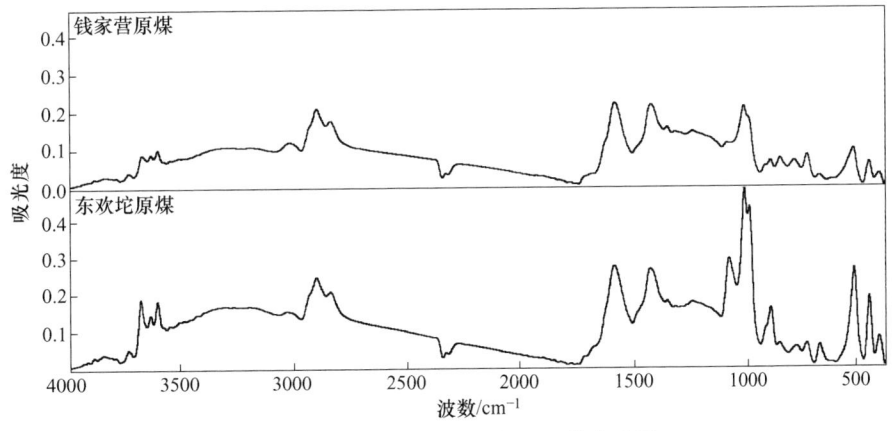

图 5-3　常温下两种原煤样的红外光谱图

　　6、7、8、9 号峰归属于脂肪烃吸收峰。其中 6、7 号峰分别是由亚甲基和甲基的不对称和对称伸缩振动引起的；8、9 号峰分别是由亚甲基和甲基的剪切振动引起的。脂肪烃吸收峰强度的大小以及数量的多少反映了煤样的反应活性的强弱。由图 5-3 可以看出东欢坨煤样的脂肪烃吸收峰的强度大于钱家营煤样的脂肪烃吸收峰强度，据此可以判断出东欢坨煤样的反应活性比钱家营煤样的反应活性强。

　　10、11、12 号峰归属于芳香烃吸收峰。10 号峰 3050.70cm^{-1}是由芳烃 CH 伸缩振动引起的；11 号峰是由芳香环中 C =C 伸缩振动引起的，是芳香核 C =C 的骨架振动，它的吸收峰的强弱反映了煤样的芳香度的大小，对确定芳香核结构有很大的价值；12 号峰是由多种取代芳烃的面外弯曲振动引起的，根据其吸收峰的位置可以判断氢原子在苯环上的取代情况，它的吸收峰强度反映了煤分子网络缩合度的大小。由图5-3可知，东欢坨煤样的芳香度大于钱家营煤样的芳香度。

13号峰归属于矿物质。钱家营煤中谱峰位置在 $1035.45 \sim 914.86 \mathrm{cm}^{-1}$ 以及东欢坨煤样中谱峰位置在 $1033.74 \sim 914.79 \mathrm{cm}^{-1}$ 处，且由图5-3可以看出东欢坨煤样的矿物质的吸收峰强度达到了0.4以上，说明了东欢坨煤样中矿物质的含量较高。矿物质在煤自燃氧化的过程中，比较稳定，不参与反应。

5.4　阻化煤样红外光谱微观结构分析

在煤样不断升温氧化或阻化的过程中，煤分子中的官能团与氧气或者阻化剂发生一系列的反应，使煤中官能团的种类和数量发生变化，但其在红外光谱图中的吸收峰的位置是不变的。可以根据观察煤样阻化前后煤中官能团的吸收峰强度的变化，来了解阻化剂对煤的影响，找出阻化剂对煤的阻化特性。

本节对得出的两种煤样的优选浓度的阻化煤样进行详细分析，即对钱家营煤样来说，经30%（质量分数）苯基次膦酸、10%（质量分数）CEPPA、8%（体积分数）DMMP阻化处理的煤样；对东欢坨煤样来说，经30%（质量分数）苯基次膦酸、8%（质量分数）CEPPA、15%（体积分数）DMMP阻化处理的煤样。

在同一氧化温度情况下，把钱家营原煤样经30%（质量分数）苯基次膦酸、10%（质量分数）CEPPA、8%（体积分数）DMMP阻化处理的煤样和东欢坨原煤样经30%（质量分数）苯基次膦酸、8%（质量分数）CEPPA、15%（体积分数）DMMP阻化处理的煤样，用OMNIC红外光谱分析软件对数据进行作图分析。图5-4~图5-10为不同温度下肥煤煤样的红外光谱图，图5-11~图5-17为不同温度下气煤煤样的红外光谱图。

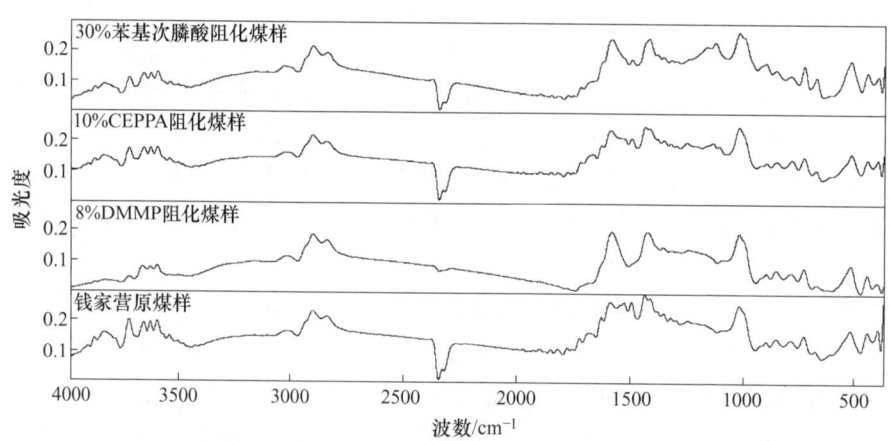

图5-4　80℃下的钱家营肥煤煤样的红外光谱图

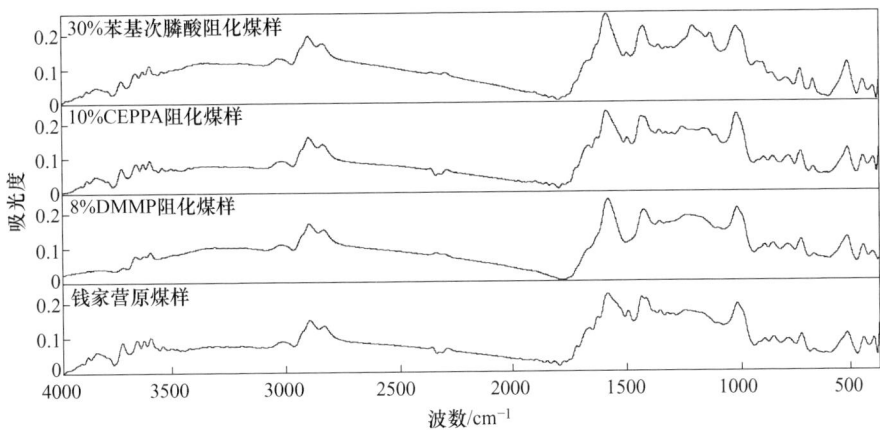

图 5-5　110℃下的钱家营肥煤煤样的红外光谱图

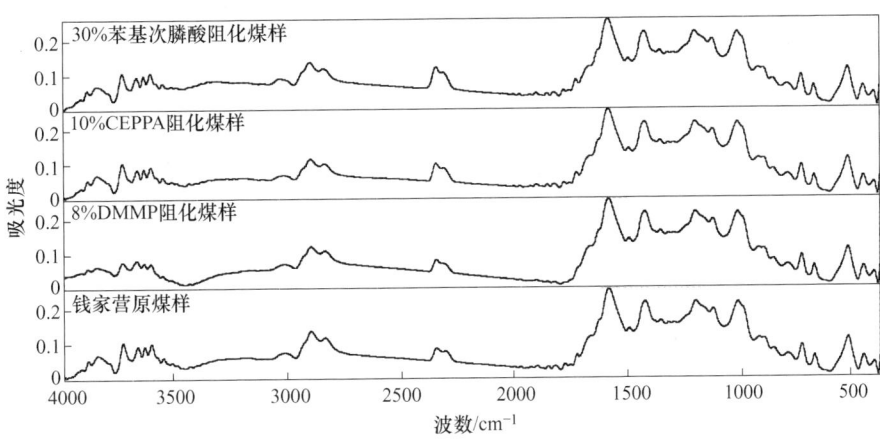

图 5-6　140℃下的钱家营肥煤煤样的红外光谱图

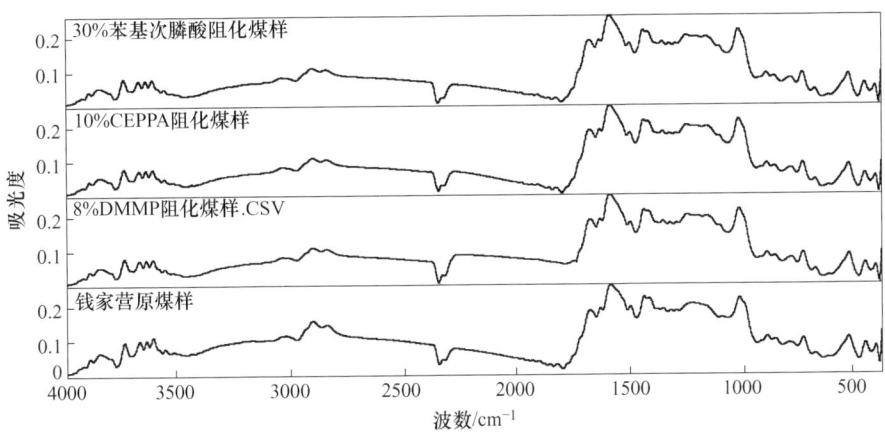

图 5-7　180℃下的钱家营肥煤煤样的红外光谱图

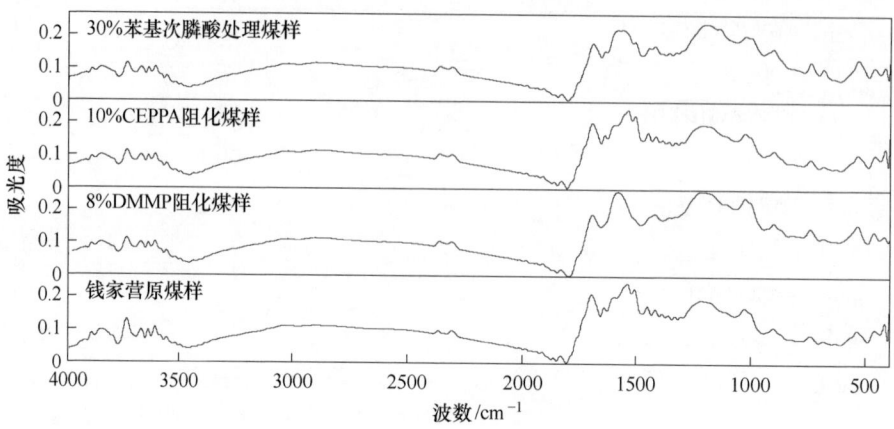

图 5-8　200℃下的钱家营肥煤煤样的红外光谱图

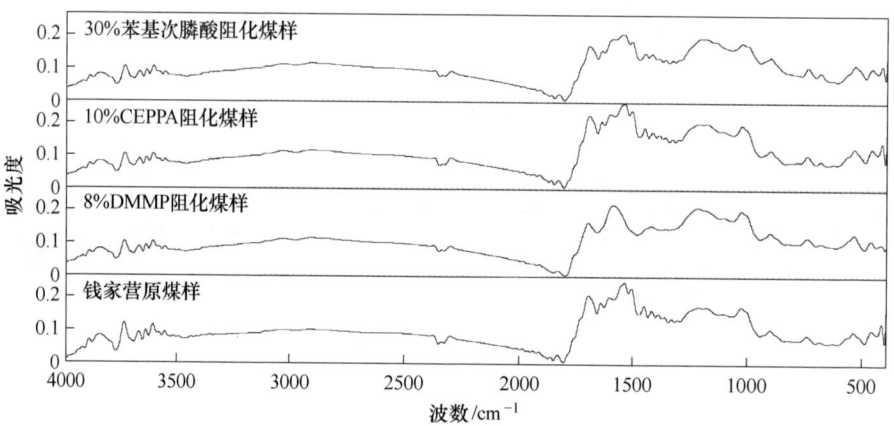

图 5-9　220℃下的钱家营肥煤煤样的红外光谱图

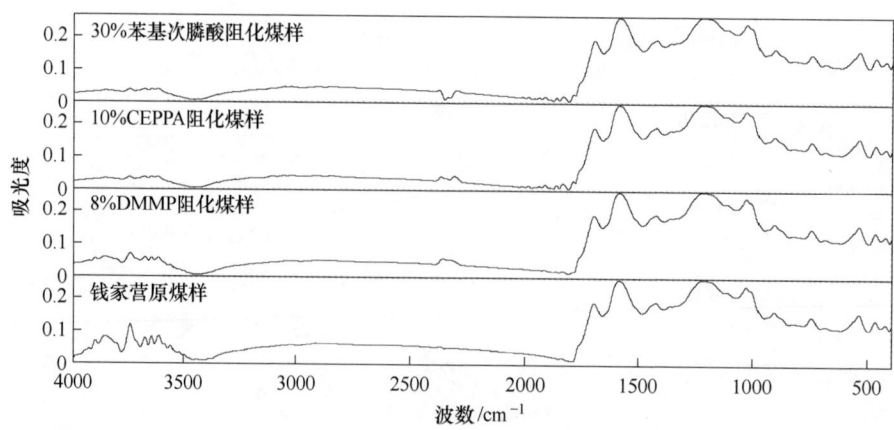

图 5-10　240℃下的钱家营肥煤煤样的红外光谱图

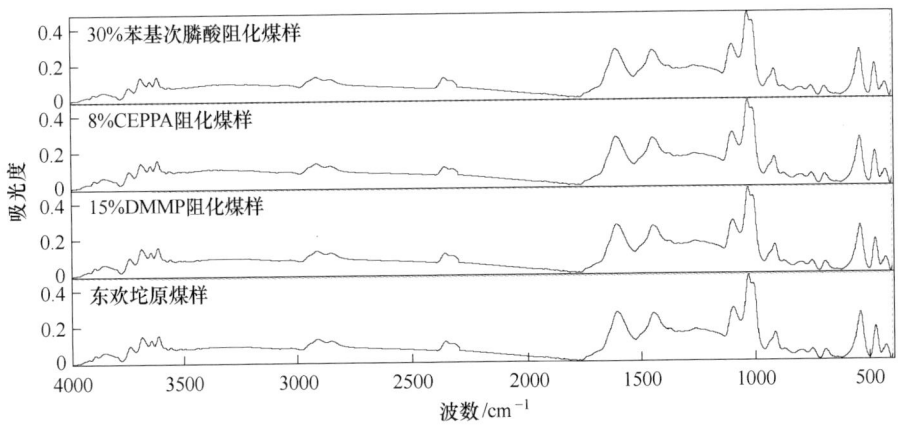

图 5-11　80℃下的东欢坨气煤煤样的红外光谱图

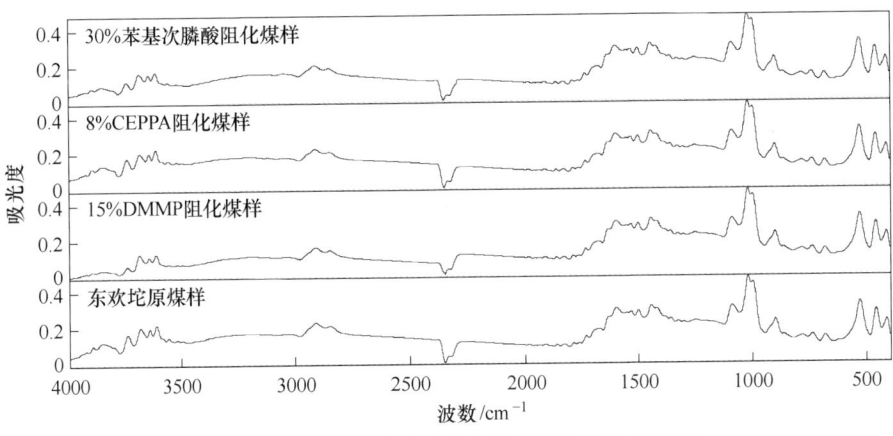

图 5-12　110℃下的东欢坨气煤煤样的红外光谱图

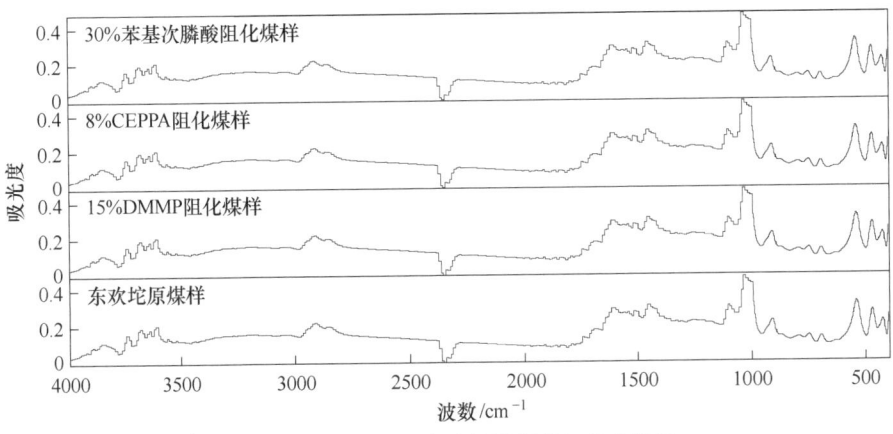

图 5-13　140℃下的东欢坨煤样的红外光谱图

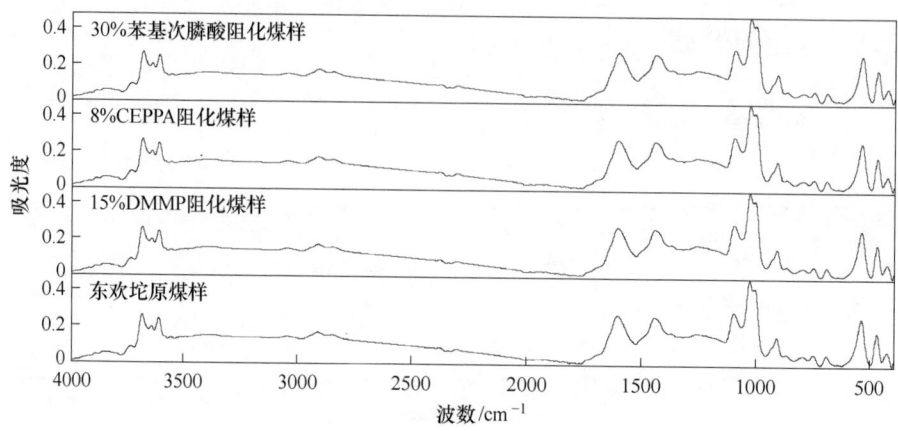

图 5-14 180℃下的东欢坨煤样的红外光谱图

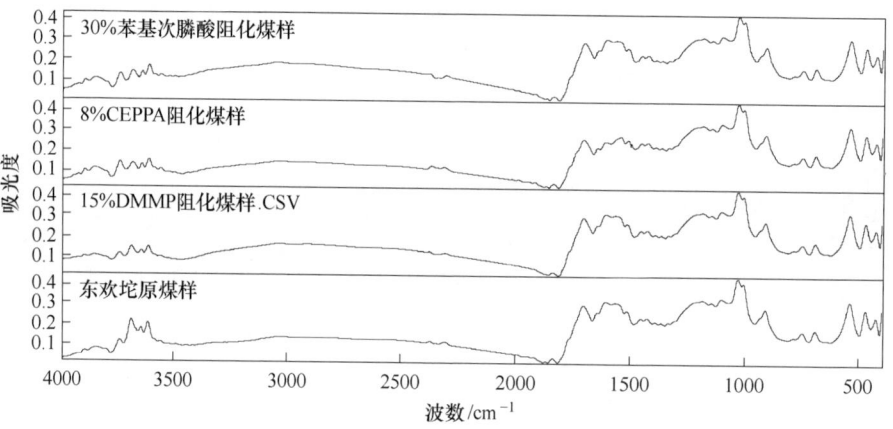

图 5-15 200℃下的东欢坨煤样的红外光谱图

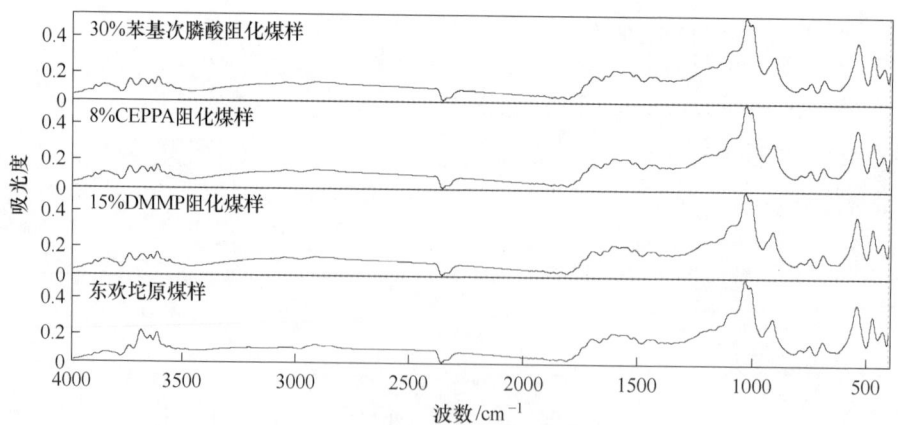

图 5-16 220℃下的东欢坨煤样的红外光谱图

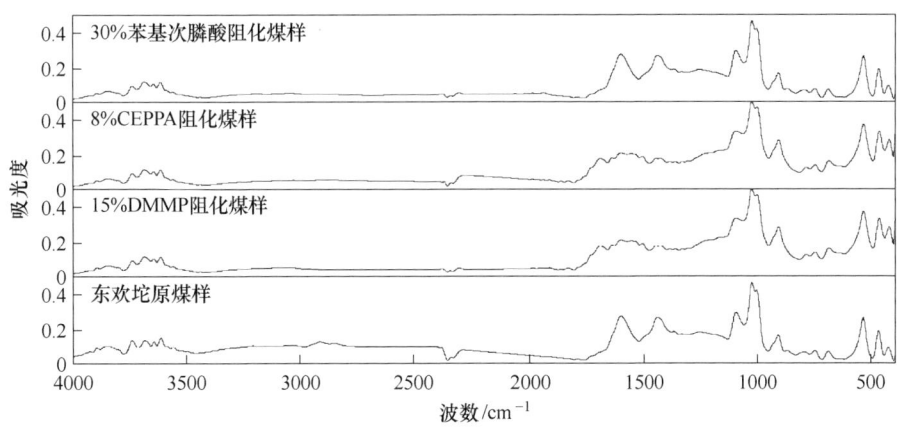

图 5-17　240℃下的东欢坨煤样的红外光谱图

对钱家营肥煤煤样和东欢坨气煤煤样的红外光谱图从煤分子结构中含氧官能团、脂肪烃、芳香烃的变化来进行综合分析。

含氧官能团的变化：羟基是煤分子中较为活跃的基团，是很重要的一类含氧官能团。羟基在煤分子中有三种存在形式：游离的羟基、分子间的氢键及酚、醇、羧酸羟基或分子间缔合的氢键，由图 5-4～图 5-17 可以看到谱峰 3550～3200cm^{-1}是一个宽缓谱峰，这是因为醇、酚等分子中的 O—H 基团可以形成分子间的氢键，所以这类羟基的伸缩振动频率是一个宽化的宽谱带。由图 5-4～图 5-17 可以看出羟基官能团的吸收峰强度整体上呈下降的趋势，即羟基的含量逐渐下降，这可能是因为羟基在煤低温氧化自燃的过程中转化成了水。

$$R—C(OH)_2H \longrightarrow R—CHO + H_2O$$
$$R—CH_2C(OH)_2H \longrightarrow R—CH_2CHO + H_2O$$

在 180℃之前阻化煤样与钱家营原煤样的羟基吸收峰强度差不多，在 180℃之后，经 30%（质量分数）苯基次膦酸、10%（质量分数）CEPPA、8%（体积分数）DMMP 阻化处理煤样的羟基吸收峰的强度弱于原煤样的吸收峰强度。经 30%（质量分数）苯基次膦酸、10%（质量分数）CEPPA、阻化处理的煤样，—OH 吸收峰强度有明显下降的趋势，原因可能是苯基次膦酸、2-羧乙基苯基次膦酸在受热条件下分解成小分子量组分 HPO，捕获了羟基官能团，降低了火焰的强度，减缓了燃烧链反应进程。经 8%（体积分数）DMMP 阻化处理的煤样，羟基吸收峰强度有明显下降的趋势，可能是因为甲基膦酸二甲酯的含磷量较高，且它的分解温度大于 180℃，在 180℃发生了裂解，在其热裂解后气体产物中含有大量的游离基 PO·，PO·可以与游离基·OH 发生反应，使阻化煤样中的—OH 含量大大下降，从而抑制了煤自燃氧化反应的进行，使燃烧链发生了断裂，阻止了煤的自燃。即

$$n\mathrm{H_3PO_4} \longrightarrow \mathrm{HPO_2} + \mathrm{PO} \cdot + 其他$$
$$\mathrm{PO} \cdot + \mathrm{H} \cdot \longrightarrow \mathrm{HPO}$$
$$\mathrm{HPO} + \mathrm{H} \cdot \longrightarrow \mathrm{H_2} + \mathrm{PO} \cdot$$
$$\mathrm{PO} \cdot + \cdot \mathrm{OH} \longrightarrow \mathrm{HPO} + \cdot \mathrm{O} \cdot$$

在煤自燃低温氧化后期，阻化煤样的羟基吸收峰强度低于原煤样的吸收峰强度，可能是因为一部分羟基转化成了水，另一部分羟基被有机磷化合物分解的小分子组分 $\mathrm{PO} \cdot$、HPO 捕捉，导致羟基含量下降。羟基转化成水之后，还会经过以下的反应过程：

$$2\mathrm{R{-}CHO} + \mathrm{O_2} \longrightarrow 2\mathrm{R{-}COOH}$$
$$2\mathrm{R{-}CH_2CHO} + \mathrm{O_2} \longrightarrow 2\mathrm{R{-}CH_2COOH}$$
$$\mathrm{R{-}CHO} \longrightarrow \mathrm{R} + \mathrm{CO}$$
$$\mathrm{R{-}CH_2CHO} \longrightarrow \mathrm{R{-}CH_3} + \mathrm{CO}$$
$$\mathrm{R{-}COOH} \longrightarrow \mathrm{R} + \mathrm{CO_2}$$
$$\mathrm{R{-}CH_2COOH} \longrightarrow \mathrm{R{-}CH_3} + \mathrm{CO_2}$$

由此可以推测，煤样中羟基含量的下降，一方面是减少了向 $\mathrm{R{-}CHO}$ 和 $\mathrm{R{-}CH_2CHO}$ 的转化，进而减少了 CO 的产生量；另一方面是减少了 $\mathrm{R{-}CHO}$ 和 $\mathrm{R{-}CH_2CHO}$ 在氧分子的攻击下向 $\mathrm{R{-}COOH}$ 和 $\mathrm{R{-}CH_2COOH}$ 的转化，从而减少了 $\mathrm{CO_2}$ 的生成量，抑制了煤氧复合反应的进行，达到了一定的阻化效果。由此可以推断出，羟基在煤样的低温氧化过程中占有很重要的地位。

脂肪烃的变化：脂肪烃主要是以甲基、亚甲基为主的短链烷基形式存在。6、7 号谱峰甲基和亚甲基的不对称及对称伸缩，甲基、亚甲基官能团吸收峰的强度随着温度的升高吸收峰强度有降低的趋势，说明在煤样的氧化过程中甲基、亚甲基不断被消耗，且温度越高，吸收峰强度降低的趋势越明显。在 140℃之后，6、7 号谱峰吸收峰强度下降趋势明显，其中亚甲基吸收峰强度的减少可能是亚甲基从侧链的末端逐渐脱落下来或是与氧分子反应生成了羧基，导致其含量减少。8、9 号峰是归属于甲基、亚甲基的剪切振动，其中 9 号峰是直接与芳香核相连或处在烷基侧链末端甲基的振动吸收峰。在整个氧化自燃的过程中，甲基吸收峰强度随温度的上升的变化不是很明显，主要受两方面的因素影响，一方面甲基受氧分子的攻击生成含氧化合物，使甲基含量降低；另一方面，亚甲基氧化生成甲基，但从总的转化频率上看，其吸收峰强度变化在氧化过程中随温度的升高峰强度基本不变，可见煤中的甲基基团相对稳定。

芳香烃官能团的变化：芳香烃在煤的分子中是相当稳定的结构，种类较多。11 号谱峰在随温度升高的过程中，芳香烃 $\mathrm{C}\!=\!\mathrm{C}$ 的伸缩振动吸收峰强度基本上没什么明显的变化，说明在低温氧化过程中，芳香烃 $\mathrm{C}\!=\!\mathrm{C}$ 双键并没有参与煤氧复合的过程，氧化反应没有触及煤分子结构单元中的核心芳环，核本身是稳定的，还未破坏，说明其难以被氧化。而 700~900cm^{-1} 取代苯类 C-H 面外弯曲振动吸收峰强度基本没什么变化，说明在煤氧化反应的过程中没有发生单个氢原子和三个相邻氢原子及 5 个相邻氢原子被取代苯环中 CH 的面外变形振动的情况。

矿物质在煤的低温氧化的整个过程中，其吸收峰的强度及形状基本没有什么变化，即它们的含量和结构都没有发生什么变化，说明矿物质在整个氧化过程中不参与反应，难以被氧化，其红外光谱带在红外光谱图中也没有什么变化。正是由于煤中矿物质在煤的低温氧化时没有变化，利用这一特性，做差示光谱处理时，可以以它为基准进行处理分析，可以更清楚地看出煤样的氧化过程中微观结构官能团的变化趋势。

由上分析可知，含氧官能团在煤氧化自燃初期就开始参与了煤氧复合作用，随着温度的升高，其对煤氧复合作用影响也开始逐渐增大。在煤样自燃氧化初期，阻化煤样的羟基官能团与原煤样的羟基官能团吸收峰变化趋势基本上差不多，可能这一阶段的羟基转化生成了水；在煤样自燃氧化后期，阻化煤样的羟基含量低于原煤样的羟基含量，可能是因为一部分转化成水，一部分被有机磷化合物在受热的情况下分解的小分子组分 PO·和 HPO 捕捉，导致其含量下降。从整体上来说，羟基在整个煤样低温氧化过程中，其含量是逐渐下降的。煤样中羟基含量的下降，一方面是减少了向 R—CHO 和 R—CH$_2$CHO 的转化，进而减少了 CO 的产生量；另一方面是减少了 R—CHO 和 R—CH$_2$CHO 在氧分子的攻击下向 R—COOH 和 R—CH$_2$COOH 的转化，从而减少了 CO$_2$ 的生成量，抑制了煤氧复合反应的进行，达到了一定的阻化效果[71~73]。

⑥ 煤自燃阻化过程中热特性分析

煤的氧化自燃过程内部反应极其复杂，而有效的控制煤体发生氧化自燃，对矿井防火具有重要的意义。含磷化合物抑制剂具有较好的抑制发生氧化自燃反应的效果，优选出适合的浓度，根据特征温度点数值升高氧化反应发生所需要的条件越苛刻，越不易发生氧化反应，而从宏观上判断磷系化合物阻燃剂在试验样品发生氧化反应过程对样品的抑制阻燃效果。同时根据特征温度点可以将煤样的燃烧过程分为五个阶段，选出最适合的最概然机理函数，根据不同阶段计算煤样的活化能，运用热力学方法，进一步判定磷系化合物抑制实验样品在发生氧化自燃时的抑制阻燃效果。总而言之，探讨煤自燃热分析及动力学的过程，可为进一步研究阻化剂对煤炭自燃过程中的影响规律奠定了基础，从而达到防治煤炭火灾的目的。

6.1 热分析动力学理论基础及计算模型

热分析动力学是使用热分析仪器获得 TG、DTG 或 DSC 曲线的实验样品。然后利用热分析技术研究实验材料的物理变化和化学反应变化速率机制的手段，即为热分析曲线的动力学分析。热分析动力学研究方法主要采用一些数学计算方法来确定其遵循的最概然机理函数的推断。根据动力学方程计算动力学参数活化能 E 和指前因子 A。该实验方法操作起来简单便捷，可对反应过程速率进行定量研究、为新型材料的稳定性进行评判、对一些易燃易爆等危险性物质进行评定、燃烧物质自燃发火温度、热爆炸临界温度的计算等均提供了科学的依据，这也使得热分析动力学技术近年来快速发展。

6.1.1 热分析动力学方法

在加热或冷却过程中，发生一系列物理或化学变化，例如熔化、凝固、晶体转化、分解、配混、吸附和解吸。根据国际热分析协会的统计，根据物理性质，热分析方法分为 9 类：质量、温度、热量、尺寸、力学特性、声学特性、光学特性、电学特性和磁学特性，共 17 种，见表 6-1。

在上述这些热分析方法当中，应用于煤氧化自燃及阻化效果研究领域且最为广泛的是热重法（TG）和差示扫描量热法（DSC）。近年来，热分析技术的灵敏度及自动化程度逐步提高，可设定实验速率对实验过程进行定量化，热分析技术的不断成熟，使得其在许多研究领域中占据了不可替代的位置。

表 6-1　热分析方法的种类

物理性质	热分析技术名称	缩写
质量	热重法	TG
	等压质量变化测定	
	逸出气检测	EGD
	逸出气分析	EGA
	放射热分析	
温度	热微粒分析	
	升温曲线测定	
	差热分析	DTA
热量	差示扫描量热法	DSC
尺寸	热膨胀法	
力学特性	热机械分析	TMA
	动态热机械法	DMA
声学特性	热发声法	
	热传声法	
光学特性	热光学法	
电学特性	热电学法	
磁学特性	热磁学法	

6.1.1.1　热重分析法

热重法简称 TG（thermal gravity），其是在测试物质保持一定的温度升高或降低温度的条件下测量物质质量与温度变化之间的关系的技术。热重分析法可广泛应用于无机物的脱水，配合物的热分解，煤和石油的热裂解。利用热重法研究物质热分解动力学具有试验样品用量少，试验过程高效且快速，对试样样品反应前后不需要单独进行分析，且在程序升温或降温的全过程皆可对试验样品进行研究分析等优点。

热重法可分为两大类，通过其程序温度的变化可分恒温法和升温法。恒温法又称为静态法，是测试样品在某一恒定的温度下，测定试样失重与时间之间的变化关系，该过程即为恒温失重法；升温法又称之为动态法，是设定好升温速率，使测试样品在该升温速率下进行测定失重量与温度之间的变化关系，该实验结果即为热失重曲线。热失重曲线也是平时较为常见的一种热分析曲线，对研究热动力学问题具有十分重要的意义。

如图 6-1 所示为典型煤样的 TG 曲线，图中曲线的横坐标轴表示的是温度 T，纵坐标轴表示的是测试样品质量 m 变化的百分数。温度 T 的单位为摄氏温度（℃），当其应用于活化能计算时，一般情况下需要转化为热力学温度（K），质量 m 表示为基于初始重量的 *mg* 变化量的百分比。以典型煤样为例，样品随着温度的不断升高，质量也经过了先增加再减少，直到最后基本稳定于某一重量不再变化。热重分析法可以对样品在反应进程中物质的质量变化、温度以及变化量的多少做出准确的描述。

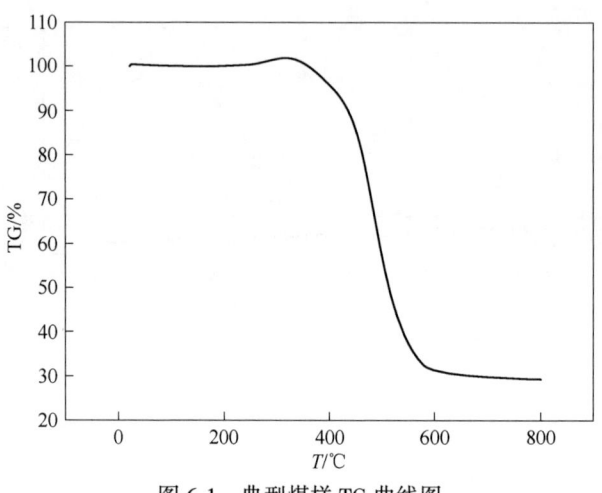

图 6-1　典型煤样 TG 曲线图

微商热重法简称 DTG（differential thermal gravity），是热重量 TG 的导数方法，它是 TG 曲线的一阶微分图，如图 6-2 所示。DTG 曲线上的点的实际含义是 TG 上的点的权重变化的速率。图中的最低点对应 TG 曲线中斜率最大的点，此时的失重速率最快，因此该点也称之为最大失重速率点。

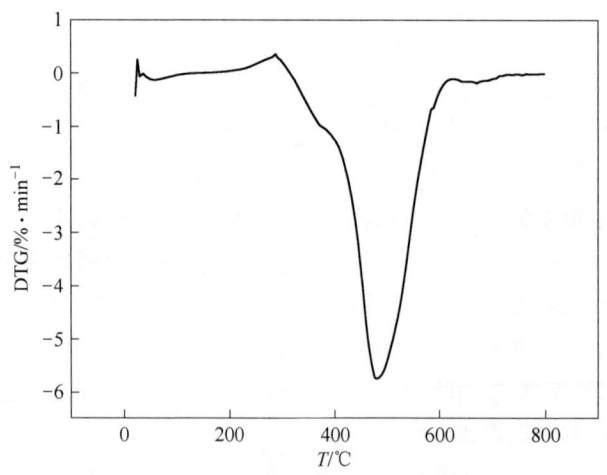

图 6-2　典型煤样的 DTG 曲线

当 TG 曲线中失重温度较为接近时，热重分析则不容易被区分，但当对其进行 DTG 曲线分析时，效果则比较明显，所以在实际应用中，TG 和 DTG 曲线相结合对测试样品进行分析，较容易观测。从数学角度分析，DTG 作为 TG 曲线的微分形式，峰值处的实际意义即斜率等于零，对应的是 TG 曲线上的拐点。由此可以推断出，DTG 曲线上出现峰值，就代表 TG 曲线上存在拐点；而 DTG 曲线上的峰面积的大小可以用来表示反应物质的失重量的多少。

6.1.1.2 差示扫描量热法

差示扫描量热法简称 DSC（differential scanning calorimeter），是在程序提前控制设定好的温度下，以某一物质作为参照物，测量被测物质与参照物之间的能量差（或功率差）与温度之间的关系。图 6-3 为典型煤样的 DSC 曲线，曲线所代表的意义为热流率与温度间的变化关系。观察 DSC 曲线图，图中存在着吸收峰，当吸收峰向下时表示的是吸热，向上时则表示放热，试样在测试过程中所需反应热与 DSC 峰面积成正比。

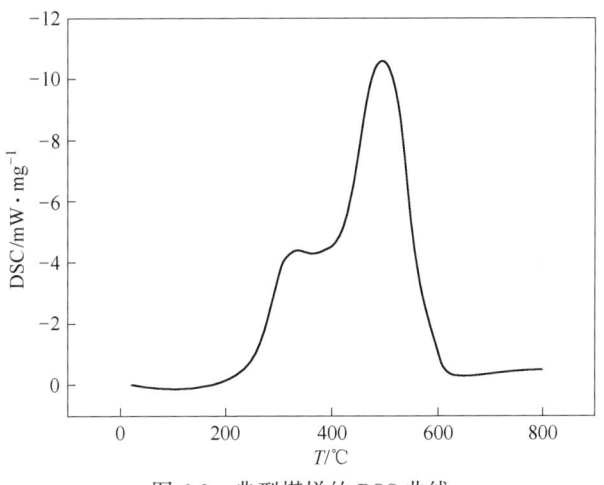

图 6-3　典型煤样的 DSC 曲线

DSC 对任何热的测量精度都特别高，甚至包括反应过程中热量的传递速率。当被测样品的热量发生变化时，为了维持平稳的测试状态，仪器需要向参照物输入或吸收一定的热量，以保持两者能量的平衡。参照物能量的变化即为该反应阶段被测物质能量的变化。在测量的过程中，试样的用量非常少，这不仅可以方便样品内部快速传热，温度梯度减小，同时还可以提高分辨率；为样品选择的颗粒尺寸也尽可能小，这降低了耐热性，同时确保了样品的熔化温度和熔化焓的准确性。

6.1.2　氧化动力学方程的建立

煤样氧化自燃的过程，一般可用如下方程表示：

(1) 煤的氧化自燃反应可用公式 (6-1) 描述：

$$\text{煤 } S(s) + \text{空气 } A(g) \longrightarrow \text{氧化煤 } P(s) + \text{反应气体 } B(g) \qquad (6\text{-}1)$$

其中，反应释放气体 B 包括 CO、CO_2、CH_4、C_2H_4 等气体。且该氧化反应不可逆。

(2) 失重率 α。α 是指煤在氧化过程中某一温度或者时间点反应的煤质量占总反应量的比例，即

$$\alpha = \frac{W_0 - W}{W_0 - W_\infty} \qquad (6\text{-}2)$$

式中　W_0——初始重量；

　　　W—— $T(t)$ 时的重量；

　　　W_∞——最终重量。

(3) 热分析动力学的基本方程。

可以用两个不同形式的方程来解释方程 (6-1) 中的动力学问题：

$$\frac{\mathrm{d}\alpha}{\mathrm{d}t} = kf(\alpha) \qquad (6\text{-}3)$$

$$G(\alpha) = kt \qquad (6\text{-}4)$$

式中，α 为 t 时刻物质的失重率。

$f(\alpha)$ 和 $G(\alpha)$ 分别代表微分形式和积分形式的动力学机理函数。两者之间的关系为：

$$f(\alpha) = 1/G(\alpha) = \frac{1}{\mathrm{d}[G(\alpha)]/\mathrm{d}\alpha} \qquad (6\text{-}5)$$

k 与温度 T 之间的关系可以用 Arrhenius 方程表示：

$$k = A\exp(-E/RT) \qquad (6\text{-}6)$$

对于非定温情形，有：

$$T = T_0 + \beta t \qquad (6\text{-}7)$$

式中　T_0——DSC 曲线偏离基线的始点温度 k；

　　　β——恒定加热速率，K/min。

联立方程，并整理得：

$$\frac{\mathrm{d}\alpha}{f(\alpha)} = \frac{A}{\beta} \mathrm{e}^{\frac{-E}{RT}} \mathrm{d}T$$

两侧在 $0 \sim \alpha$ 和 $T_0 \sim T$ 之间积分得到：

$$G(\alpha) = \int_0^\alpha \frac{\mathrm{d}\alpha}{f(\alpha)} = \frac{A}{\beta} \int_{T_0}^T \exp(-E/RT)\mathrm{d}T \qquad (6\text{-}8)$$

式中　A——表观指前因子；

　　　E——表观活化能；

　　　R——普适气体常数。

升温速率为：

$$\beta = \frac{\mathrm{d}T}{\mathrm{d}t} \tag{6-9}$$

反应在刚开始进行阶段中，由于起始温度比较低，反应速率较慢可忽略不计。公式两侧分别在 $0 \sim \alpha$ 和 $T_0 \sim T$ 之间积分得到：

$$G(\alpha) = \int_0^\alpha \frac{\mathrm{d}\alpha}{f(\alpha)} = \frac{A}{\beta} \int_{T_0}^T \exp(-E/RT)\mathrm{d}T = \frac{A}{\beta} B(T) \tag{6-10}$$

其中：

$$\int_{T_0}^T \exp(-E/RT)\mathrm{d}T = B(T)$$

左边部分 $\int_0^\alpha \frac{\mathrm{d}\alpha}{f(\alpha)}$ 通常被称为转化率函数积分，右边部分 $\int_{T_0}^T \exp(-E/RT)\mathrm{d}T$ 则被称为温度积分，表达式 $\int_{T_0}^T \exp(-E/RT)\mathrm{d}T = B(T)$，数学上没有解析解，只能得近似解。

6.1.3 热分析动力学计算模型

热分析动力学即为运用数学的处理手段，将实验样品的热分析实验结果通过各种计算模型进行计算，最后通过计算得出实验样品在升温过程中的动力学参数 E、A 和 $f(\alpha)$。$f(\alpha)$ 表示的是实验样品的反应速率 K 和转化率 α 之间的关系。动力学研究的主要目的就是运用动力学的处理方法，来进一步求得动力学参数。

6.1.3.1 Coats-Redfern 积分法

根据 Coats-Redfern 积分法有：

当 $n \neq 1$ 时，$\ln\left[\dfrac{1-(1-\alpha)^{1-n}}{T^2(1-n)}\right] = \ln\left[\dfrac{AR}{\beta E}\left(1-\dfrac{2RT}{E}\right)\right] - \dfrac{E}{RT}$ \qquad (6-11)

当 $n = 1$ 时，$\ln\left[\dfrac{-\ln(1-\alpha)}{T^2}\right] = \ln\left[\dfrac{AR}{\beta E}\left(1-\dfrac{2RT}{E}\right)\right] - \dfrac{E}{RT}$ \qquad (6-12)

由于对一般的反应温区和大部分的 E 值而言 $\left(1-\dfrac{2RT}{E}\right) \approx 1$，$\dfrac{E}{RT} \gg 1$，所以方程（6-11）和方程（6-12）右端第一项几乎是常数。当 $n \neq 1$ 时，$\ln\left[\dfrac{1-(1-\alpha)^{1-n}}{T^2(1-n)}\right]$ 对 $1/T$ 作图；而 $n=1$ 时，以 $\ln\left[\dfrac{\ln(1-\alpha)}{T^2}\right]$ 为纵轴，以 $1/T$ 为横轴作图，得到一条直线，斜率为 $-E/R$，其中 R 为气体常数，因此可以准确的根据直线的斜率和截距对动力学参数进行求解。

6.1.3.2 Kissinger 法

基本动力学方程对 t 微分得：

$$\frac{d\alpha}{dt} = Ae^{-\frac{E}{RT}}(1-\alpha)^n$$

两边微分得：

$$\frac{d}{dt}\left(\frac{d\alpha}{dt}\right) = Ae^{-E/RT}(1-\alpha)^n\left[\frac{E\phi}{RT^2} - An(1-\alpha)^{n-1}e^{-E/RT}\right]$$

当 $T=T_p$ 时，从 $\frac{d}{dt}\left(\frac{d\alpha}{dt}\right)=0$，可得：

$$\frac{E\dfrac{dT}{dt}}{RT_p^2} = An(1-a_p)^{n-1}e^{\frac{-E}{RT}}$$

Kissinger 认为，$n(1-a_p)^{n-1}$ 与 β 无关，其值近似等于 1，因此可知：

$$\frac{E\beta}{RT_p^2} = Ae^{-\frac{E}{RT_p}}$$

两边取对数，得方程（6-13），即 Kissinger 方程：

$$\ln\left(\frac{\beta_i}{T_{pi}^2}\right) = \ln\left(\frac{A_k R}{E_k}\right) - \frac{E_k}{R}\frac{1}{T_{pi}} \qquad (i=1,2,3,\cdots) \tag{6-13}$$

由 $\ln\left(\dfrac{\beta_i}{T_{pi}^2}\right)$ 对 $\dfrac{1}{T_{pi}}$ 做图，便可得一条直线，由直线斜率求 E_k 和 A_k。

6.1.3.3 Ozawa 法

对方程 $\dfrac{da}{dT} = \dfrac{1}{\beta}f(\alpha)k(T)$ 进行分离变量得：

$$\int_0^\alpha \frac{d\alpha}{f(\alpha)} = \frac{A}{\beta}\int_{T_0}^T e^{-E/RT}dT \tag{6-14}$$

式中，T_0 为反应开始的温度。

在温度较低的情况下反应速率缓慢可以忽略不计，式（6-14）写为：

$$\int_0^\alpha \frac{d\alpha}{f(\alpha)} = \frac{A}{\beta}\int_0^T e^{-E/RT}dT \tag{6-15}$$

$$\Lambda(T) = \int_0^T e^{-E/RT}dT \tag{6-16}$$

方程（6-15）和方程（6-16）同上，令 $u=\dfrac{E}{RT}$，由 $T=\dfrac{E}{Ru}$ 可知：

$$dT = -\frac{E}{Ru^2}du \tag{6-17}$$

方程（6-17）可转化为：

$$G(\alpha) = \frac{A}{\beta} \int_0^T e^{-E/RT} dT = \frac{AE}{\beta R} \int_\infty^u \frac{-e^{-u}}{u^2} du = \frac{AE}{\beta R} P(u) \tag{6-18}$$

式中，E/R 是常数；$p(u) = \int_\infty^u \frac{-e^{-u}}{u^2} du$ 未知。

此处使用 Doyle 近似式，即

$$p_D(u) = 0.00484 e^{-1.0516u} \tag{6-19}$$

$$\lg p_D(u) = -2.315 - 0.4567 \frac{E}{RT} \tag{6-20}$$

联立方程得：

$$\lg\beta = \lg\left[\frac{AE}{RG(\alpha)}\right] - 2.315 - 0.4567 \frac{E}{RT}$$

E 可以用两种方法求得：

（1）在不同加热速率 β 下，每个热谱峰顶 T_{pi} 处各 α 数值几乎相同，因此 $0 \sim \alpha_p$ 范围内，$\lg\left[\frac{AE}{RG(\alpha)}\right]$ 值都是相等的，$\lg\beta$ 与 $\frac{1}{T}$ 作图为直线，斜率为 $-0.4567 \frac{E}{RT}$，E 值可求。

（2）在不同升温速率 β 下确定一个转化率 α，则 $\lg\left[\frac{AE}{RG(\alpha)}\right]$ 值为定值，因此，$\lg\beta$ 与 $\frac{1}{T}$ 作图得一条直线，斜率记作 $-0.4567 \frac{E}{RT}$，E 值可求。

6.1.3.4 特征点法

T_i 表示 DSC 曲线图上左拐点处的温度值；α_i 是 T_i 时刻的失重率；T_p 代表峰值处温度；α_p 是 T_p 时刻对应的反应深度；T_0 表示反应起始温度；ϕ 表示线性升温速率。

当 $T = T_p$ 时，反应速率达到最大，有条件

$$\frac{d\left(\frac{d\alpha}{dt}\right)}{dT}\bigg| T = T_p, \ \alpha = \alpha_P = 0 \tag{6-21}$$

当动力学的基本方程对 T 微分，并且使用上述边界条件式（6-21），得到以下等式：

$$\frac{d\alpha}{dt} = A e^{-\frac{E}{RT}} f(\alpha)$$

$$\frac{d\left(\frac{d\alpha}{dt}\right)}{dT} = A f(\alpha) e^{-E/RT}\left[\frac{A}{\phi} f'(\alpha) e^{-E/RT} + \frac{E}{RT}\right]$$

$$\frac{A}{\phi}f'(\alpha_\mathrm{p})\mathrm{e}^{-E/RT} + \frac{E}{RT_\mathrm{p}^2} = 0$$

在 DSC 曲线拐点处的条件为：

$$\frac{\mathrm{d}^2\left(\dfrac{\mathrm{d}\alpha}{\mathrm{d}t}\right)}{\mathrm{d}T^2}\bigg| T = T_i,\ \alpha = \alpha_i = 0 \qquad (6\text{-}22)$$

动力学的基本方程对 T 进行二阶微分，并使用上述条件即式（6-22），可得：

$$\frac{A^2}{\phi^2}f'^2(\alpha_i)\mathrm{e}^{-2E/RT_i} + \frac{3AE}{\phi RT_i^2}f'(\alpha_i)\mathrm{e}^{-E/RT_i} + \frac{A^2}{\phi^2}f''(\alpha_i)f(\alpha_i)\mathrm{e}^{-2E/RT_i} + \frac{E^2 - 2ERT_i}{R^2 T_i^4} = 0$$

通过联立两个特征点以得到方程，即可求取非定温反应动力学中 E 和 A 的值。

6.2　煤样制备及实验方法

为了更好地研究磷系化合物对煤自燃的阻燃性能，选取了四种不同变质程度的煤，分别是褐煤、长焰煤、肥煤、气煤。根据《煤层煤样采取方法》（GB/T 482—2008）的标准，分别从内蒙古多伦、新疆金川、唐山钱家营、唐山东欢坨煤矿进行采煤。本节选取了四种阻化效果较好的含磷化合物，其中两种有机磷系化合物甲基膦酸二甲酯和 2-羧乙基苯基次磷酸，无机磷系化合物磷酸二氢钠和磷酸三钠，分别制成不同浓度的抑制剂，并进行实验研究。

6.2.1　煤样的采集与制备

根据《煤层煤样采取方法》（GB/T 482—2008）现场采取煤样，1 号内蒙古多伦（褐煤）、2 号新疆金川（长焰煤）、3 号钱家营（肥煤）、4 号东欢坨（气煤）。为了确保煤样的代表性，在采矿区的每个采样区域中，选择 3 个不同的位置，每个 2 米，并从不同的位置收集煤样。将煤样充分混合以消除煤样的特殊性，使得测试煤样品具有代表性。煤样直接取出煤壁，煤层表面的氧化层剥离，置于多层塑料防水密封袋中，标签贴在标签上，送到实验室。

按照《煤样的制备方法》（GB 474—2008）对煤样进行制备，首先除去煤样的最外层氧化层。然后取煤样中间部分进行破碎筛分，制成粒径为 0.25 ~ 0.18mm（60 ~ 80 目）、 -0.074mm（-200 目）的煤样。放置在密封袋内备用。在相同实验条件下，将两种不同粒径大小的四种煤样，分别与浓度（体积分数）为 5%、10%、15%、20% 的有机磷甲基膦酸二甲酯（DMMP）阻燃剂和浓度（质量分数）为 5%、10%、15%、20% 的 2-羧乙基苯基次磷酸（CEPPA）、磷酸二氢钠、磷酸三钠按 4∶1 的比例混合均匀，将阻化煤样放置于阴暗处 12h 进行阻化处理，然后置于恒温干燥箱中以室温 25℃ 进行干燥处理 12h 后，置于密封袋内，备用。

6.2.2 实验装置及方法

该实验装置采用德国 NETZSCH STA-449C 高温热重分析仪，用于进行煤样的热分析测试，如图 6-4 所示。

图 6-4 STA-449C 型综合高温热重分析仪

该实验装置主要由测量单元、系统控制器、恒温水浴、电源和计算机系统组成。实验仪器的温度可重复性小于±3℃，称重精度为±1.5%，天平的灵敏度高（误差不超过 15μg）。实验仪器可以同时测量测试样品的热重（TG）曲线和差示扫描量热（DSC）曲线。

实验参数确定为：加热速率为 10℃/min，吹扫气体为氧气，压力恒定为 0.05MPa。氧气流速为 10mL/min，保护气体为氮气，压力恒定为 0.05MPa。氮气流量为 20mL/min，温度范围从室温升至 800℃。在实验之前，先将仪器预先预热，进行实验时取粒径小于 0.074mm 的试验煤样 30mg 放入坩埚，然后置于实验装置内，将参数设置好，即可进行热重分析实验，由于热重仪器的灵敏度较高，实验进行中，尽量避免距离实验仪器过近或触碰试验台过重，实验结束即可得到 TG、DSC 随时间变化的曲线。

6.3 实验方案

实验分别选取多伦、金川、钱家营、东欢坨四种不同变质程度的煤样和四种具有阻化作用的磷系阻化剂，其中甲基膦酸二甲酯（DMMP）和 2-羧乙基苯基次磷酸（CEPPA）是有机磷抑制剂，磷酸二氢钠和磷酸三钠为无机磷抑制剂。结合实际应用与相关资料确定了 5%、10%、15%、20%这四种浓度的阻化剂溶液。表 6-2 为全部实验样品。

实验方案包括 4 个原煤和 64 个不同的矿煤样品，使用温度程序设备和 KSS-5690A 型气相色谱仪进行测试。在正常操作的情况下，保证每天完成一个样品的实验，并记录好每天实验的起止时间、温度、天气情况，以便日后分析数据时，可以更好地分析外界影响因素的干扰。由于实验过程中，一些外部因素的干扰会对实验结果造成一些影响，因此实验期间应尽最大的可能性保持外界因素的一致性。

表 6-2　实验样品一览表　　　　　　　　（%）

阻 64 原煤 4	有机磷化合物				无机磷化合物			
	A 甲基膦酸二甲酯（DMMP）		B2-羧乙基苯基次磷酸（CEPPA）		C 磷酸二氢钠		D 磷酸三钠	
多伦原-1	5	A-1	5	B-1	5	C-1	5	D-1
	10	A-2	10	B-2	10	C-2	10	D-2
	15	A-3	15	B-3	15	C-3	15	D-3
	20	A-4	20	B-4	20	C-4	20	D-4
金川原-2	5	A-5	5	B-5	5	C-5	5	D-5
	10	A-6	10	B-6	10	C-6	10	D-6
	15	A-7	15	B-7	15	C-7	15	D-7
	20	A-8	20	B-8	20	C-8	20	D-8
钱家营原-3	5	A-9	5	B-9	5	C-9	5	D-9
	10	A-10	10	B-10	10	C-10	10	D-10
	15	A-11	15	B-11	15	C-11	15	D-11
	20	A-12	20	B-12	20	C-12	20	D-12
东欢坨原-4	5	A-13	5	B-13	5	C-13	5	D-13
	10	A-14	10	B-14	10	C-14	10	D-14
	15	A-15	15	B-15	15	C-15	15	D-15
	20	A-16	20	B-16	20	C-16	20	D-16

采用程序升温与气相色谱联用实验系统，对 4 种煤的全部实验样品进行模拟氧化升温过程中抑制燃烧效果实验，选用 CO 作为指标气体对 4 种含磷化合物阻化剂（每种阻化剂又含有 4 种不同浓度）进行优选，根据实验数据绘制 CO 气体释放量体积分数根据温度的不断改变而逐渐升高的图像，分析得出对于多伦煤样，阻化剂的优选浓度（见表 6-3）（质量分数）分别为 20%DMMP、15%CEPPA、20%磷酸二氢钠、20%磷酸三钠；对于金川煤样，阻化剂的优选浓度（质量分数）分别为 10%和 15%和 20%DMMP、20%CEPPA、5%和 20%磷酸二氢钠、15%和 20%磷酸三钠；对于钱家营煤样，阻化抑制剂的优选浓度（质量分数）分别为 15%DMMP、15%CEPPA、20%磷酸二氢钠、15%和 20%磷酸三钠；对于东欢坨煤样，阻化剂的优选浓度（质量分数）分别为 15%和 20%DMMP、20%CEPPA、20%磷酸二氢钠。

根据择优选取出的最佳浓度可以深入分析，后续利用热分析实验，更好的说明各阻化剂对各煤样的抑制程度大小。

表 6-3　四种含磷抑制剂对四种煤样优选浓度（质量分数）　　（%）

煤样	DMMP	CEPPA	磷酸二氢钠	磷酸三钠
多伦	20	15	20	20
金川	10、15、20	20	5、20	15、20
钱家营	15	15	20	15、20
东欢坨	15、20	20	20	—

　　热特性实验采用同步热分析仪对不同煤样加入不同浓度磷系化合物阻化剂进行实验研究，将实验结果进行作图，分析比较出实验曲线中特殊的温度点的变化规律，分析出各阻化剂针对不同煤样的阻燃效果，进而更好的有针对性的优选出适合每种煤样的磷系化合物阻化剂。

6.4　热特性实验结果与分析

　　实验采用德产 STA449F3 型综合同步热分析仪，对多伦褐煤、金川长焰煤、钱家营肥煤和东欢坨气煤 4 种不同变质程度的煤样进行热重分析。图 6-5 为 4 种测试样品的 TG 与 DTG 图。测试样品整体的失重率是多伦<钱家营<金川<东欢坨，说明了多伦煤样燃烧后的灰分最多，而东欢坨煤样的可燃物质居多，参与氧化自燃反应成分比较多，燃烧过程结束后剩余灰分也是最少。

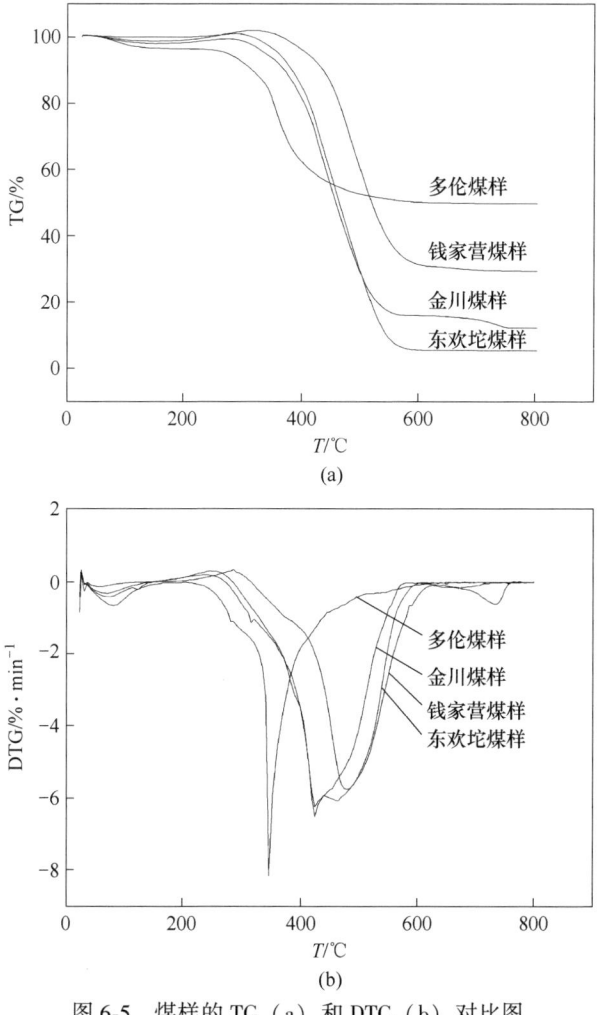

图 6-5　煤样的 TG （a） 和 DTG （b） 对比图

结合图 6-5 上的特殊拐点，确定各煤样的特征温度值，见表 6-4。

表 6-4　全部原煤样特征温度　　　　　　　　（℃）

煤样	T_1	T_2	T_3	T_4	T_5	T_6	T_7
多伦	44.5	82.0	184.4	220.9	326.6	347.2	636.2
金川	47.8	73.6	149.8	242.0	384.6	426.9	671.2
钱家营	42.7	61.4	139.3	287.5	433.5	480.2	690.4
东欢坨	46.2	73.3	147.3	250.5	391.5	424.8	677.9

如图 6-6 为多伦褐煤煤样加入不同浓度甲基膦酸二甲酯阻化剂后的 TG 和 DTG 曲线图。从 TG 曲线可以看出，煤样质量变化趋势基本相同，但在燃烧失重

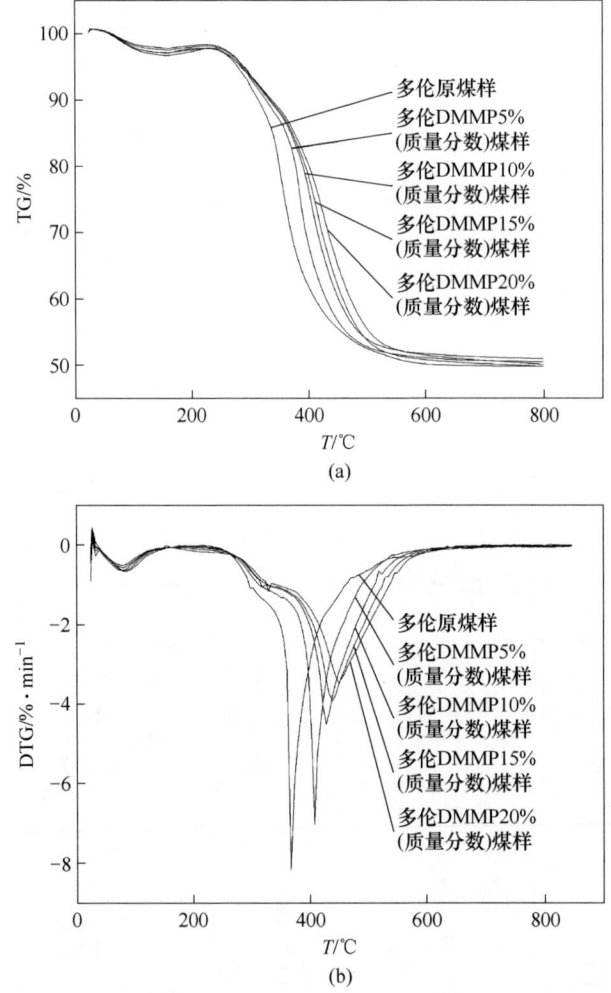

图 6-6　多伦原煤和 4 种浓度的 DMMP 阻化煤样的 TG 曲线（a）和 DTG（b）曲线

阶段，已知随着抑制剂浓度的增加，特征温度点连续向后移动，表明抑制剂浓度越高，煤自燃发生越困难。通过对比 TG 曲线，可得出多伦煤样燃烧阶段高于阻化后的煤样。且阻化浓度由低到高逐渐推后，说明该阻化剂对多伦煤样的抑制作用规律性较明显，浓度为 20% 的阻燃抑制剂对煤样作用得到最佳的阻化效果。

根据 DTG 曲线，对于多伦煤样，阻化剂的浓度从低到高，并且重量损失率的最大点处的温度逐渐增加。并且最大失重速率降低，表明样品氧化燃烧受到抑制。20%（质量分数）DMMP 阻化煤样的 DTG 峰值最小，多伦未经处理过的煤样的峰值最大，且 20%（质量分数）DMMP 阻化处理煤样的 DTG 在其他特征温度数值也较高，有效地证明了该阻化煤样对比其他煤样，在整个氧化燃烧过程中均受到了最大程度地抑制。

图 6-7 为多伦原煤加入浓度为 15% 和 20% 的阻燃抑制剂 2-羧乙基苯基次磷

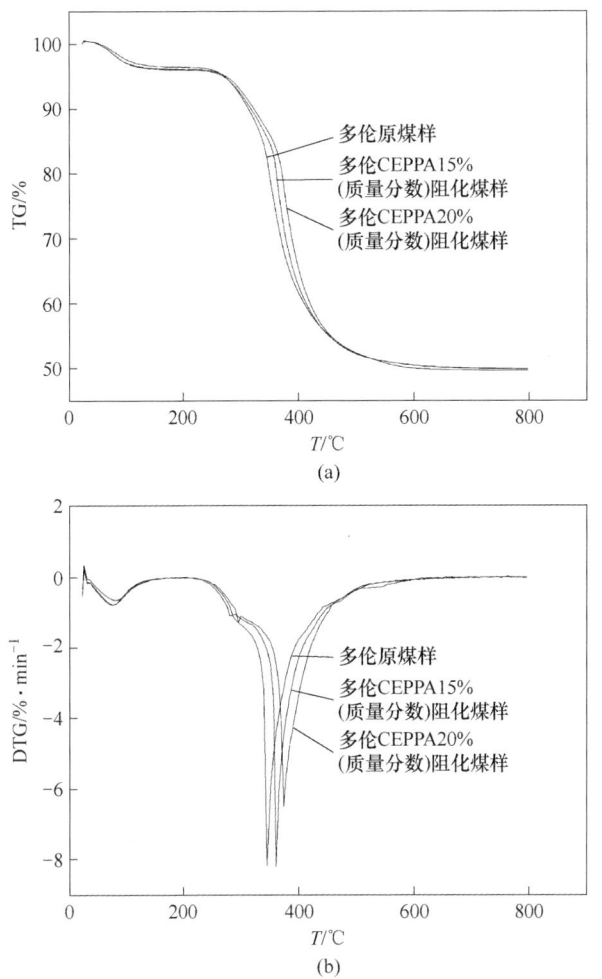

图 6-7　多伦原煤和 2 种浓度 CEPPA 阻化煤样的 TG 曲线（a）和 DTG 曲线（b）

酸浓度的实验煤样 TG 和 DTG 曲线。由 TG 曲线可观察到两种添加阻燃剂的煤样着火点比原煤的温度偏高，DTG 曲线上最大失重速率点的温度值均比原煤样的温度高，且阻化剂浓度为 20% 的 2-羧乙基苯基次磷酸各特征温度点的温度值高于浓度为 15% 的阻化剂相应的温度值，说明阻燃剂浓度是 20% 的阻化剂比浓度为 15% 的阻化剂对多伦煤样抑制能力更强，阻燃效果更优。

　　图 6-8 为多伦煤加入 3 种不同浓度磷酸二氢钠阻燃剂后的 TG 曲线和 DTG 曲线。由图 6-8（a）可以看出，实验开始后随温度不断升高，煤样均呈现出失重状态且整体趋势相同，浓度为 15%（质量分数）的磷酸二氢钠在燃烧阶段前的失重量明显小于另外两个浓度的煤样，煤样失重量越小越难发生自燃，所以在此浓度下的多伦煤样的阻燃效果最好。由图 6-8（b）可以看出，实验进入燃烧阶段

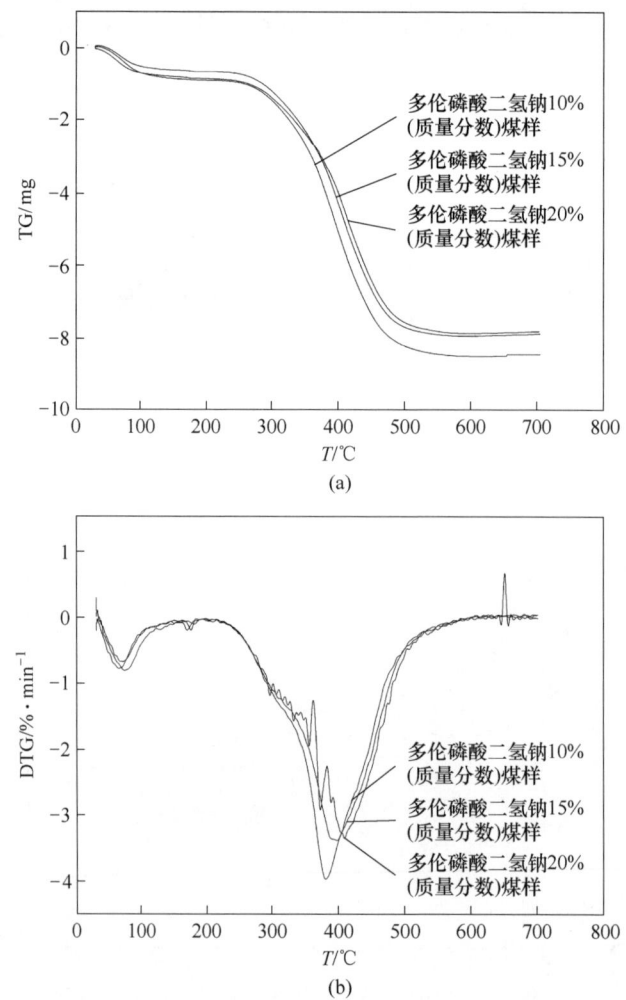

图 6-8　多伦煤样加入 3 种不同浓度磷酸二氢钠抑制剂的 TG 曲线（a）和 DTG 曲线（b）

后，与浓度为 10% 和 15% 的阻化剂相比，磷酸二氢钠 20%（质量分数）的最大重量损失速率稍高且最大重量损失速率的温度值也略微高一些，说明煤样燃烧后浓度为 20% 的阻燃抑制剂抑制煤样燃烧效果最佳。

多伦煤样添加磷酸三钠浓度为 10%、15%、20% 阻化剂的 TG 曲线和 DTG 曲线如图 6-9 所示。图 6-9（a）可以得到，多伦煤样添加 15%（质量分数）的磷酸三钠阻化剂的实验全过程中，TG 曲线都高于另外两个浓度的实验煤样，在氧化燃烧的各个阶段温度都高一些，不易于参与氧化燃烧反应，使煤样具有一定的阻燃性。

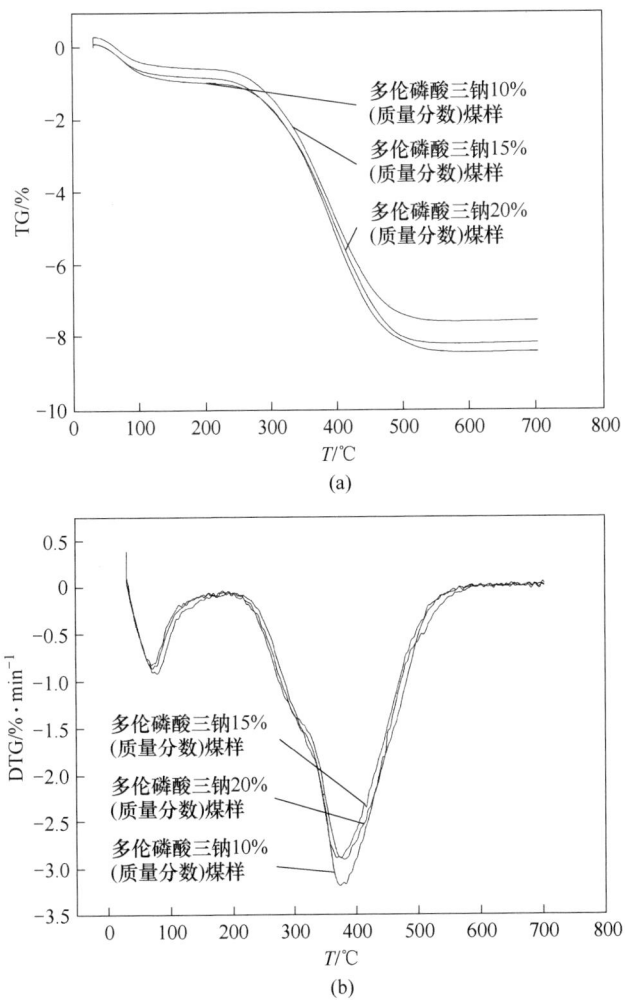

图 6-9 多伦煤样添加 3 种不同浓度磷酸三钠阻化剂的 TG 曲线（a）和 DTG 曲线（b）

图 6-9（b）中 3 条实验煤样的变化趋势差别不是很明显，通过观察 DTG 曲线的最低点，10% 阻化煤样的最大失重速率值最低，在该点时，氧化燃烧反应最为激烈，15% 和 20% 经抑制剂处理后煤样的失重速率最大值基本相同，但进入该

点时的温度有多差别，浓度为20%的温度稍高一些，所以磷酸三钠20%阻化煤样略优于磷酸三钠15%阻化煤样。综上可知，煤样在氧化燃烧的前期磷酸三钠15%抑制剂对煤样抑制作用最优。

如图6-10所示，图6-10（a）为金川煤样与DMMP5%抑制样品、DMMP15%抑制样品和DMMP20%抑制样品的DTG曲线，可以明显观察到最大失重速率按照金川原煤样<DMMP5%阻化煤样<DMMP15%阻化煤样<DMMP20%阻化煤样的顺序依次排列，随阻化剂的浓度的上升，特征温度点随即上升，煤样就不易燃烧。图6-10（b）仅为金川煤样与CEPPA20%抑制样的DTG曲线，其他3个浓度与原样的实验结果相似，图6-10中不在列举，观察图6-10（b）可知，最大失重速率温度点值增大，需要更高的温度才可以发生该反应，因此该抑制剂对该样在一定程度上起作用。

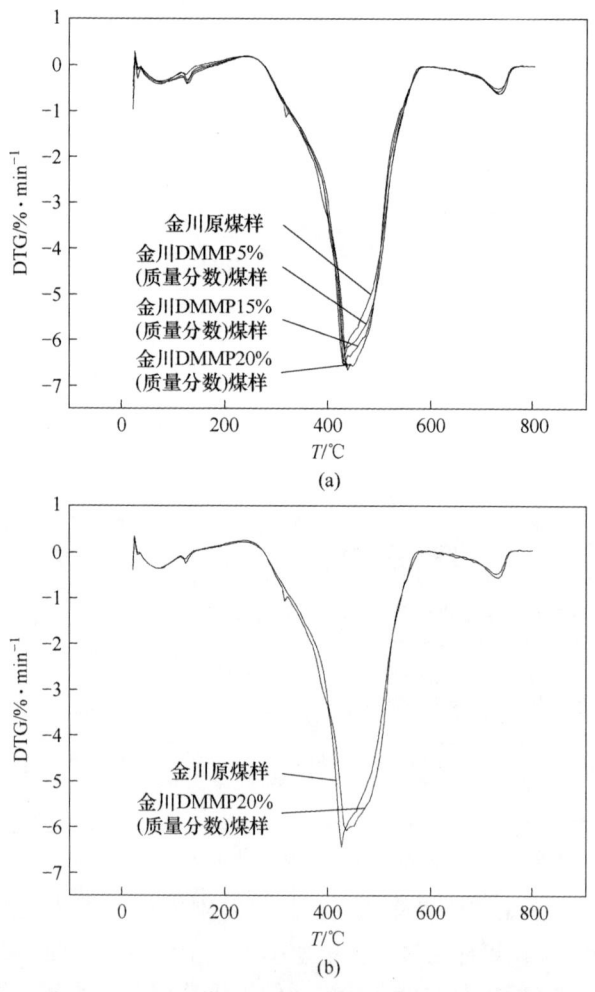

图 6-10　金川原煤样和不同浓度抑制剂的 DTG 曲线

图 6-11 为钱家营煤样加入 3 种不同浓度甲基膦酸二甲酯阻化剂后的 TG 曲线和 DTG 曲线。由 TG 曲线得到，煤样质量变化的趋势大致相同，但在燃烧重量损失阶段，各特征温度点有所差异，在相同失重量的情况下，DMMP15%阻化煤样的热重曲线最为靠前，其次是 DMMP10%阻化煤样，DMMP20%阻化煤样的曲线最靠后，温度随横坐标右移而升高，煤样就不易燃烧。DTG 曲线也可以得出 DMMP20%抑制样对煤样的阻燃性能优于其他两种浓度的抑制剂，其在最大重量损失率时温度最高，且最大重量损失率小于其他浓度。通过上述分析，可知 20% 的甲基膦酸二甲酯抑制剂对钱家营煤样在氧化自燃过程中的抑制性能最佳。

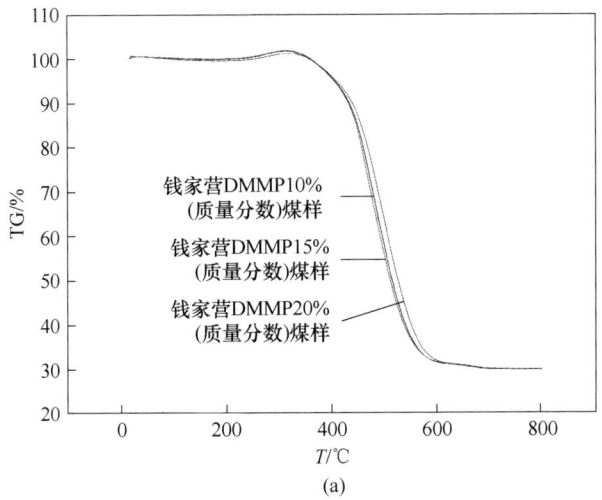

(a)

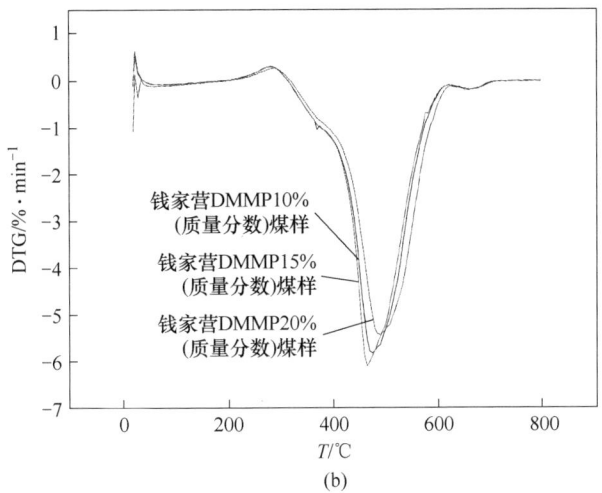

(b)

图 6-11　钱家营煤样加入 3 种不同浓度 DMMP 抑制样品的 TG 曲线（a）
和 DTG 曲线（b）

　　图 6-12 为东欢坨原样、东欢坨 CEPPA15% 抑制样和东欢坨 CEPPA20% 抑制样的 TG 曲线和 DTG 曲线。由图 6-12（a）可以看出曲线在燃烧阶段仅仅向右侧平移了一点点，其他阶段并无明显的不同，CEPPA20% 阻化煤样比 CEPPA15% 阻化煤样稍靠后，且两种抑制样均比原样在燃烧阶段的特性温度高，说明 CEPPA 抑制剂对东欢坨煤样具有抑制作用，CEPPA20% 阻化煤样在实验过程中最不容易自燃。

　　由图 6-12（b）可以得到与上述相一致的结论，通过对最大失重速率点的分析以及随温度的变化规律，均可知 CEPPA20% 抑制样对东欢坨的阻燃性能优于 CEPPA15% 抑制样，且对比原煤样，阻燃效果明显。

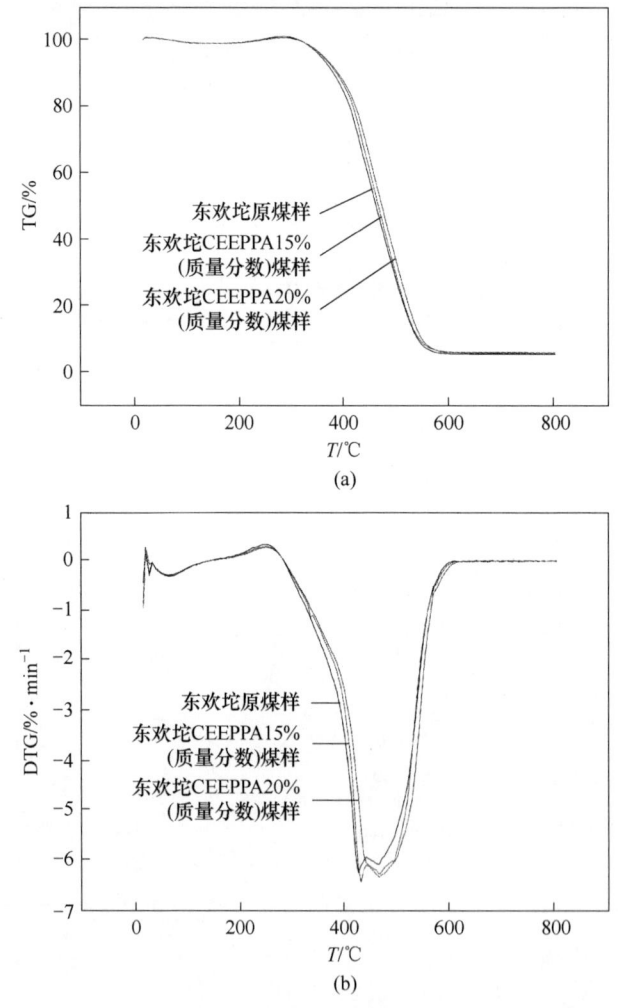

图 6-12　东欢坨原煤样和 2 种浓度 CEPPA 阻化煤样的 TG 曲线（a）
和 DTG 曲线（b）

6.5 抑制煤自燃的动力学分析及计算

根据优选出的阻化剂浓度，进行机理函数的推断、活化能的计算，通过动力学分析的方法判断适合煤样的最佳阻化剂。

6.5.1 最概然机理函数的推断

由于固态反应十分复杂，各个热解过程都有差异，对应的动力学模型和最概然机理函数也大不相同，针对同一种实验样品选用不同的公式进行参数计算，得到结论会有差异。因此，对实验煤样进行动力学分析以及参数计算时，选择适合实验样品的机理函数至关重要。一般常见的固态反应动力学模型及函数见表 6-5，其中 $f(\alpha)$ 为微分形式下的动力学机理函数，$G(\alpha)$ 为积分形式下的动力学机理函数。

表 6-5   固态反应动力学模型及函数

模型	函数标号	函数名称	$f(\alpha)$	$G(\alpha)$
反应级数模型	1	0 级	1	α
	2	1 级	$1-\alpha$	$-\ln(1-\alpha)$
	3	2 级	$(1-\alpha)^{3/2}$	$(1-\alpha)^{-1}$
	4	3 级	$(1-\alpha)^2$	$(1-\alpha)^{-1}-1$
相界面反应	5	R2	$2(1-\alpha)^{1/2}$	$1-(1-\alpha)^{1/2}$
	6	R3	$3(1-\alpha)^{1/3}$	$1-(1-\alpha)^{1/3}$
扩散机理模型	7	一维（幂函数法则）	$1/2\alpha$	α^2
	8	二维（Valens 方程）	$[-\ln(1-\alpha)]^{-1}$	$(1-\alpha)\ln(1-\alpha)+\alpha$
	9	三维（Jander $n=1/2$）	$6(1-\alpha)^{2/3}[1-(1-\alpha)^{1/3}]^{1/2}$	$[1-(1-\alpha)^{1/3}]^{1/2}$
	10	三维（Jander $n=2$）	$(1-\alpha)^{1/2}[1-(1-\alpha)^{1/2}]^{-1}$	$[1-(1-\alpha)^{1/2}]^2$
	11	三维（Z-L-T 方程）	$\dfrac{3}{2}(1-\alpha)^{4/3}[(1-\alpha)^{-1/3}-1]^{-1}$	$[(1-\alpha)^{-1/3}-1]^2$

依据最概然机理函数的固态反应动力学模型及函数，运用微积分求出在不同反应模型下的 4 种原煤样的动力学曲线的线性相关系数。样品氧化自燃的全过程大致可分成脱水解吸段、氧气吸收重量增加段、热分解段、燃烧段和燃尽段。本小节主要介绍磷系化合物阻燃剂对煤氧化自燃过程的抑制效果，燃烧前可以有效地阻止煤体发生自燃才是关键，因此动力学选取了氧气吸收重量增加段和热分解段，这两个时段进行了进一步深入的阐述。

采用 Coats-Redfern 方程法对煤体的氧化自燃的最概然机理函数进行推断，根据特征温度点划分出增重和分解两个阶段，分别在热分析曲线上找出 4 种原煤样对应阶段的温度 T 及其转化率 α。再进行数据处理，计算出 $\dfrac{1}{T}$、$f(\alpha)$、$G(\alpha)$ 和

$\ln\left[\dfrac{G(\alpha)}{T^2}\right]$ 在上述 11 种不同动力学函数中的对应数据，利用作图软件对不同动力学函数的 $\ln\left[\dfrac{G(\alpha)}{T^2}\right]$ 与 $\dfrac{1}{T}$ 进行作图并线性拟合，得到不同煤样在不同反应模型函数下的增重和分解两个阶段的相关性系数，具体见表6-6。

表6-6 4种原煤样在不同模型下的动力学相关系数

函数标号	多伦煤样		金川煤样		钱家营煤样		东欢坨煤样	
	增重	分解	增重	分解	增重	分解	增重	分解
1	0.92682	0.89255	0.82519	0.73720	0.97839	0.89723	0.93987	0.91775
2	0.98102	0.93954	0.88438	0.80853	0.98757	0.94717	0.96982	0.93705
3	0.87999	0.71163	0.67685	0.61293	0.64531	0.63743	0.63811	0.63167
4	0.99107	0.96991	0.92633	0.97811	0.98158	0.96828	0.97682	0.97720
5	0.97351	0.92803	0.86674	0.95609	0.98422	0.93299	0.95686	0.95135
6	0.97548	0.93915	0.88113	0.80538	0.98544	0.94137	0.96634	0.95840
7	0.92682	0.88946	0.93898	0.92528	0.97839	0.94156	0.93987	0.91775
8	0.95019	0.90896	0.95434	0.94076	0.98227	0.88118	0.95099	0.89068
9	0.97548	0.93915	0.88113	0.80538	0.98544	0.94137	0.96634	0.95840
10	0.97351	0.92229	0.86674	0.95609	0.98422	0.96802	0.95686	0.90652
11	0.97548	0.93337	0.88113	0.96167	0.98544	0.94137	0.96634	0.95840

依据相关系数的数值越大相关性越好，分别进行增重和分解两个时段的函数的判断。通过对比可知，多伦煤样和东欢坨煤样在增重和分解两个阶段均符合三级反应模型；金川煤样的重量增加段契合二维（Valens 方程），热分解段符合三级反应模型；钱家营样品的重量增加段契合一级反应模型，热分解段同其他样品契合三级反应模型。

6.5.2 活化能的求解及分析

煤在氧化自燃时，煤分子间会互相发生碰撞，在碰撞时会在其中的破坏或生成新键，而在此过程会有能量的变化。分子中各个键破坏和形成时需要能量变化，煤分子只有在能量达到反应状态的情况下，各分子间产生撞击，形成氧化自燃过程，此时的煤分子处于活化状态。而煤分子要达到此状态的过程所需的差值即为活化能。通常在计算中得到的活化能 E 值并不是某一个特定结构的活化能，而是全体参与到该反应过程中的全部分子的平均活化能，通常称之为表观活化能。但由于反应物质及状态的不同，分子发生反应的活化能的大小也大不相同，因此可以通过活化能数值的大小来判断反应发生的难易程度。

在阿累尼乌斯经验公式中，反应的快慢取决于 E 的大小，E 和反应速率成反比。而通过对曲线的拟合得到方程，根据方程的斜率可以求出活化能 E，截距可

以求出指前因子 A。本节对 4 种样品在经过不同抑制剂抑制后进行优选，选出最适合的浓度，再对其进行热力学分析，根据上述推断出的最概然机理函数，分别对不同煤样的吸氧增重和受热分解两个阶段的 $\ln\left[\dfrac{G(\alpha)}{T^2}\right]$ 与 $\dfrac{1}{T}$ 进行作图并拟合分析，分别计算出两个阶段的活化能，再通过对活化能 E 的数值大小的比较，进而得出对于每种煤样阻燃效果最好的阻化剂及其浓度。

以多伦煤样加入优选出的 4 种不同浓度的阻化剂为例，选取上述推断出的合适的反应动力学模型及函数，分别对氧气吸收重量增加和热分解两个时段以 $\ln\left[\dfrac{G(\alpha)}{T^2}\right]$ 和 $\dfrac{1}{T}$ 作动力学图形并拟合，如图 6-13~图 6-15 所示。

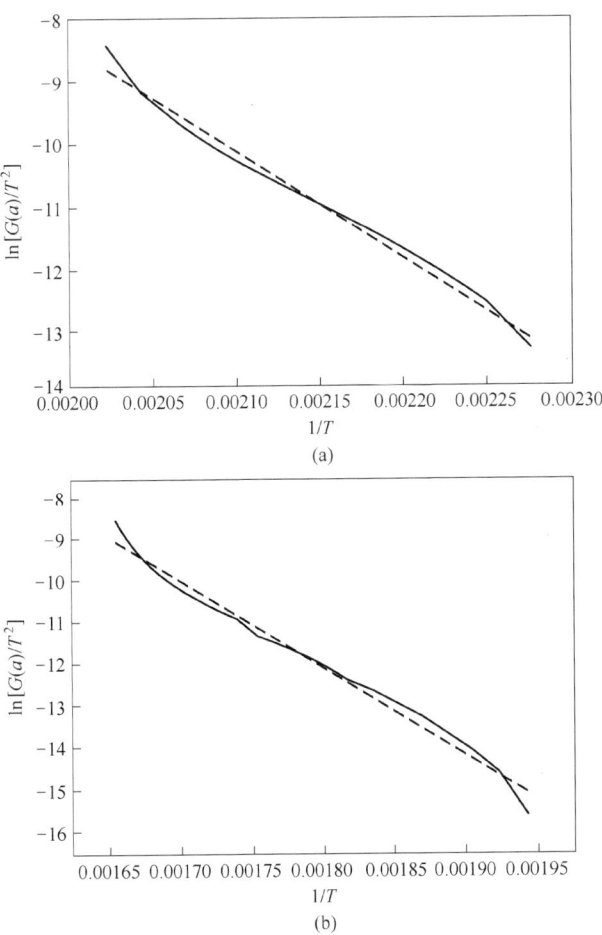

图 6-13　多伦 DMMP20%（质量分数）抑制样的动力学曲线

(a) 增重阶段；(b) 分解阶段

多伦 DMMP20%（质量分数）抑制样在重量增加段的拟合方程（见图 6-13

（a）） 为：

$$y = -16942.419x + 25.48702 \qquad (6\text{-}23)$$

相关度系数为 $R=0.98425$，吸氧增重阶段的活化能为 $E=140.8593\text{kJ/mol}$。

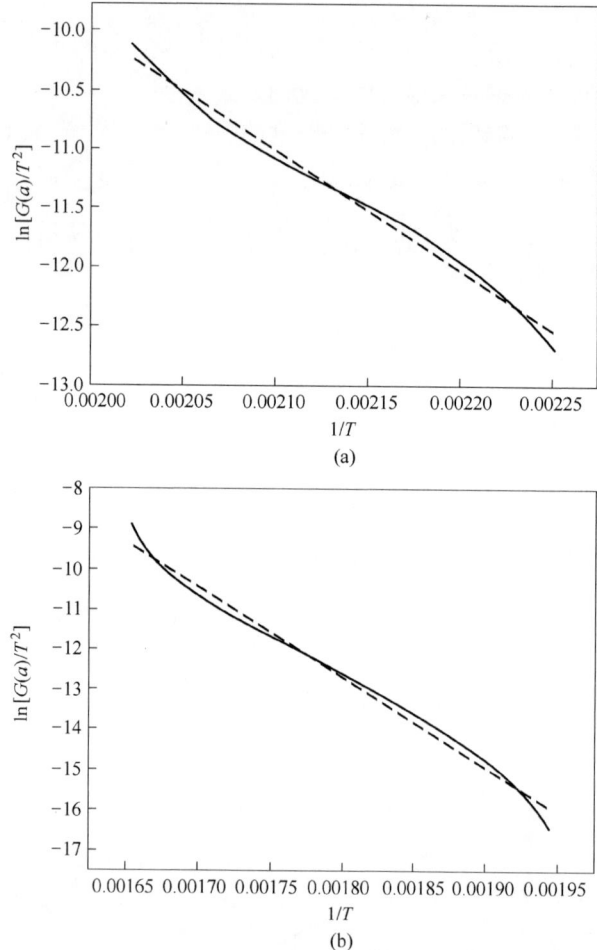

图 6-14　多伦 CEPPA15%（质量分数）抑制样的动力学曲线
（a）增重阶段；（b）分解阶段

　　多伦 DMMP20%（质量分数）阻化煤样抑制样在热分解段的拟合方程（见图 6-13（b）） 为：

$$y = -20739.74x + 25.23427 \qquad (6\text{-}24)$$

相关度系数为 $R=0.9835$，受热分解阶段的活化能为 $E=172.4302\text{kJ/mol}$。

　　多伦 CEPPA15%（质量分数）抑制样在重量增加段的拟合方程（见图 6-14（a）） 为：

$$y = -10108.142x + 10.20617 \qquad (6\text{-}25)$$

相关度系数为 $R=0.98626$，吸氧增重阶段的活化能为 $E=84.0391\text{kJ/mol}$。

多伦 CEPPA15%（质量分数）抑制样在热分解段的拟合方程（见图 6-14 (b)）为：

$$y = -22540.9x + 27.86425 \tag{6-26}$$

相关度系数为 $R = 0.98838$，受热分解阶段的活化能为 $E = 187.4050kJ/mol$。

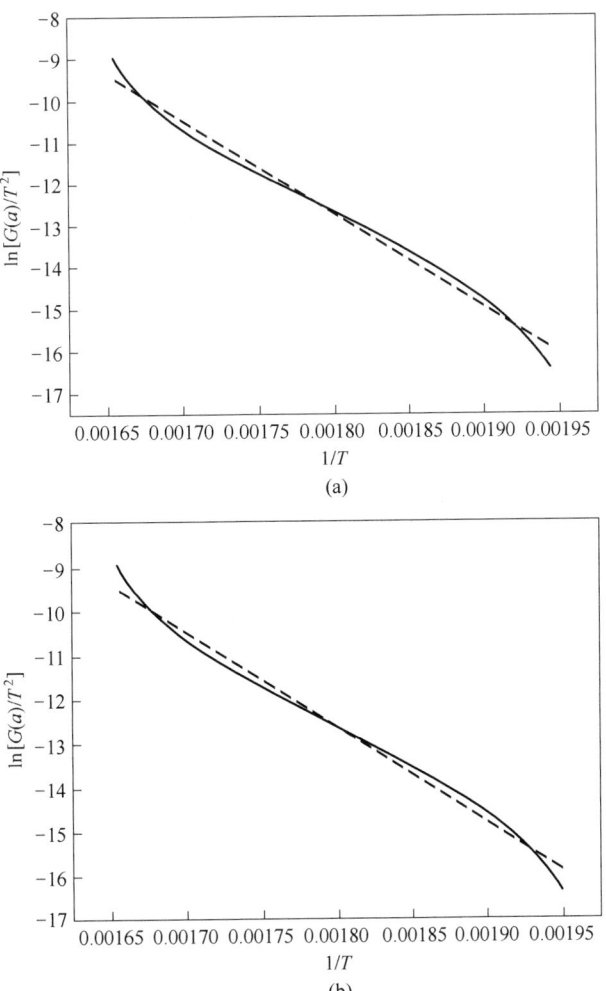

图 6-15　多伦 CEPPA20%（质量分数）抑制的动力学图像
(a) 增重阶段；(b) 分解阶段

多伦 CEPPA20%（质量分数）抑制样在重量增加段的拟合方程（见图 6-15 (a)）为：

$$y = -10371.1x + 10.7194 \tag{6-27}$$

相关度系数为 $R = 0.98788$，吸氧增重阶段的活化能为 $E = 86.2253kJ/mol$。

多伦 CEPPA20%（质量分数）抑制样在热分解段的拟合方程（见图 6-15

（b））为：

$$y = -22291.18x + 27.40071 \qquad (6-28)$$

相关度系数为 $R = 0.98752$，受热分解阶段的活化能为 $E = 185.3289\text{kJ/mol}$。

同理可知，分别对氧气吸收重量增加和热分解阶段进行动力学拟合，如图 6-16~图 6-18 所示。

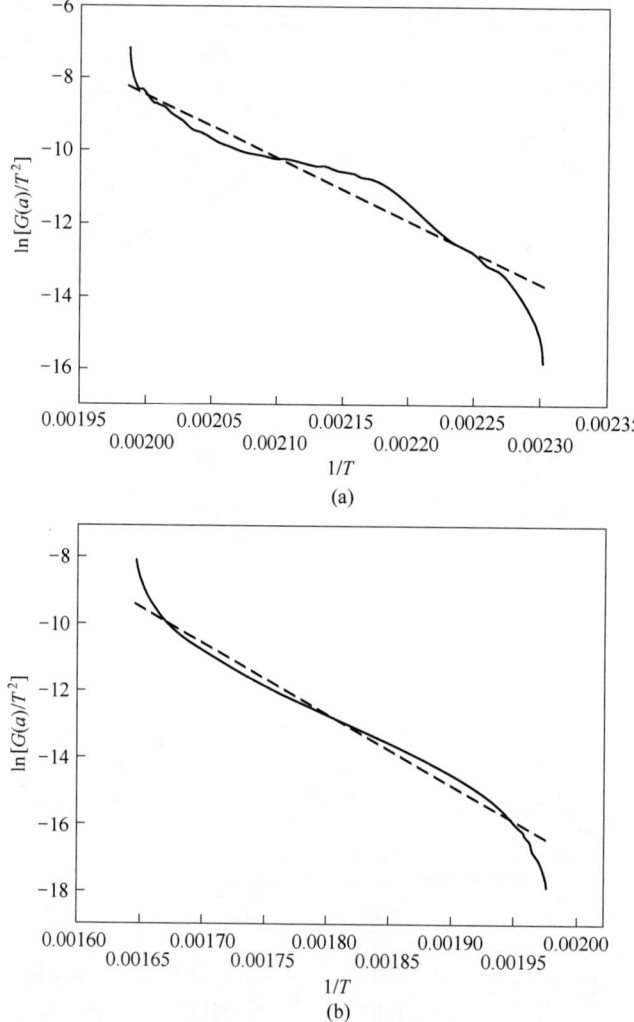

(a)

(b)

图 6-16　多伦磷酸二氢钠 20%（质量分数）阻化煤样的动力学曲线

（a）增重阶段；（b）分解阶段

多伦磷酸二氢钠 20%（质量分数）抑制样在重量增加段的拟合方程（见图 6-16（a））为：

$$y = -17452.6x + 26.48257 \qquad (6-29)$$

相关度系数为 $R=0.93145$，吸氧增重阶段的活化能为 $E=145.1009kJ/mol$。

多伦磷酸二氢钠 20%（质量分数）阻化煤样在受热分解阶段的动力学参数拟合方程（见图6-16（b））为：

$$y = -21216.6x + 25.51819 \qquad (6-30)$$

相关度系数为 $R=0.97642$，受热分解阶段的活化能为 $E=176.3948kJ/mol$。

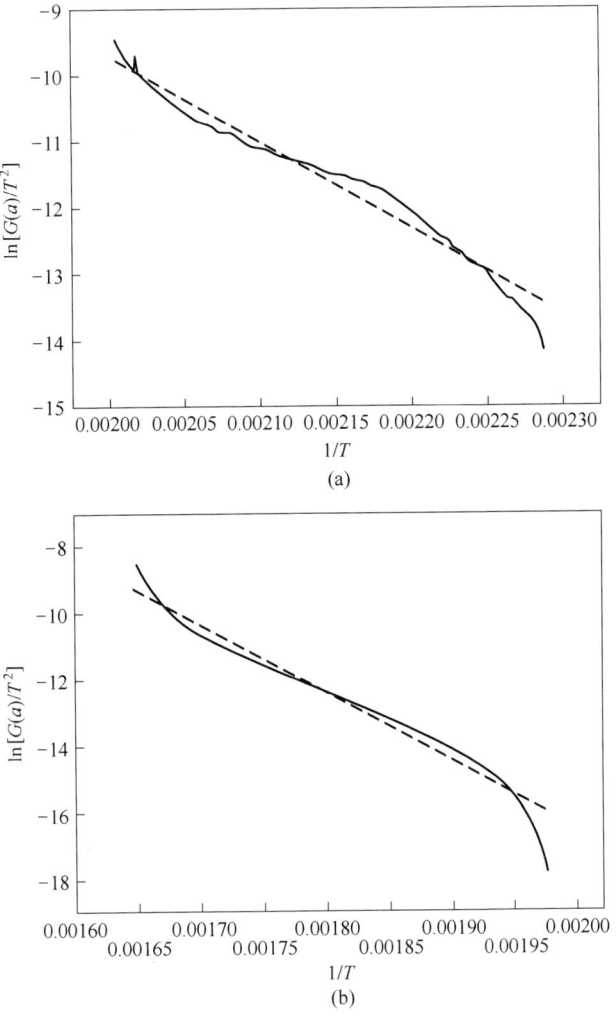

(a)

(b)

图 6-17　多伦磷酸三钠 15%（质量分数）抑制样的动力学图

（a）增重阶段；（b）分解阶段

多伦磷酸三钠 15%（质量分数）抑制样在重量增加段的拟合方程（见图 6-17（a））为：

$$y = -12966.383x + 16.21783$$

相关度系数为 $R=0.96843$，吸氧增重阶段的活化能为 $E=107.8025kJ/mol$。

　　多伦磷酸三钠 15%（质量分数）抑制样在热分解段的动力学参数方程（见图 6-17（b））为：

$$y = -19882.471x + 23.39658$$

相关度系数为 $R=0.97454$，受热分解阶段的活化能为 $E=165.3029kJ/mol$。

　　多伦磷酸三钠 20%（质量分数）抑制样在重量增加段的参数方程（见图 6-18（a））为：

$$y = -13467.910x + 17.08093$$

相关度系数为 $R=0.9686$，吸氧增重阶段的活化能为 $E=111.9722kJ/mol$。

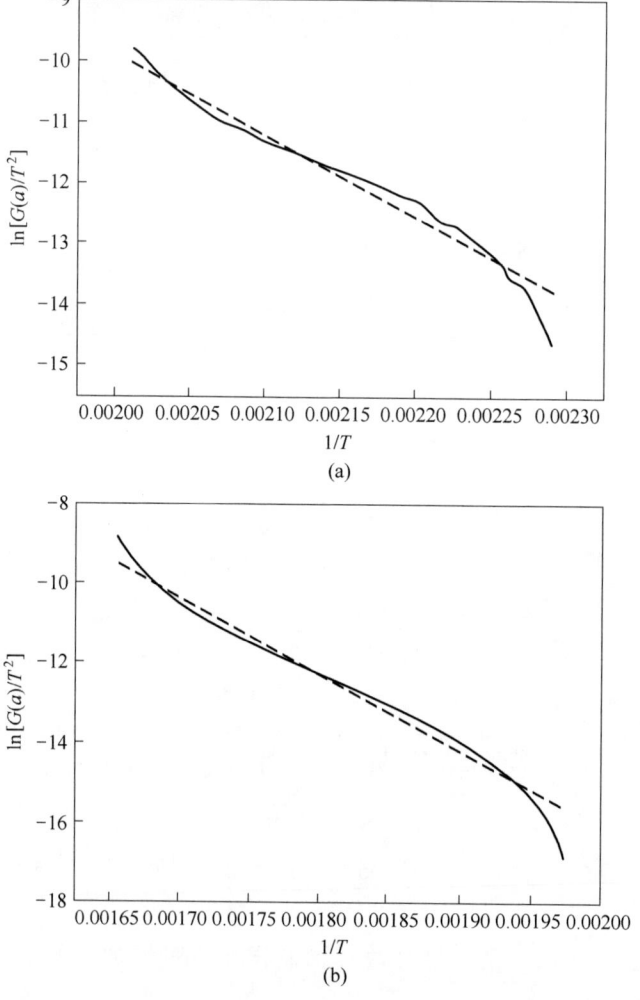

图 6-18　多伦磷酸三钠 20%（质量分数）抑制样的动力学图

（a）增重阶段；（b）分解阶段

多伦磷酸三钠20%（质量分数）阻化煤样在受热分解阶段的动力学参数拟合方程（见图6-18（b））为：

$$y = -19201.5x + 22.2764$$

相关度系数为 $R = 0.98247$，受热分解阶段的活化能为 $E = 159.6413$ kJ/mol。

上述是对多伦样品优选出的阻化剂进行的动力学计算，得出氧气吸收重量增加和热分解两个时段相应的动力学参数，同种抑制剂的不同浓度通过活化能的比较，即可得到阻燃性能最优的浓度，相应的动力学参数见表6-7。

表 6-7 多伦抑制样的动力学参数

多伦阻化煤样阻化剂质量分数	吸氧增重阶段活化能 E/kJ · mol^{-1}	吸氧增重阶段相关系数 R	受热分解阶段活化能 E/kJ · mol^{-1}	受热分解阶段相关系数 R
DMMP20%	140.8593	0.98425	172.4302	0.98350
CEPPA15%	84.0391	0.98626	187.4050	0.98838
CEPPA20%	86.2253	0.98788	185.3289	0.98752
磷酸二氢钠 20%	145.1009	0.93145	176.3948	0.97642
磷酸三钠 15%	107.8025	0.96843	165.3029	0.97454
磷酸三钠 20%	111.9722	0.96860	159.6413	0.98247

由表6-7中数据可知，热分解段的活化能的数值均大于氧气吸收重量增段的活化能的数值，且同种样品加入不同抑制剂后在增重和分解两个时段的活化能 E 差异明显，具有较大的区分度，因此通过对比加入差异性抑制剂的样品在反应阶段的活化能具有一定的可信度。前述内容优选出15%和20%的CEPPA和磷酸三钠分别为抑制剂，对样品均有一定的阻燃效果且差异较小，通过热力学计算分别得出其增重和分解阶段的活化能也相差无几，对比4种阻化剂间的阻燃效果并无太大影响，其他3种煤样就不再作此比较。

在吸氧增重阶段，磷酸二氢钠20%的活化能最大，且活化能值远大于CEPPA和磷酸三钠的两种不同浓度的阻化剂，DMMP20%的活化能值低于磷酸二氢钠20%的活化能值4.2416kJ/mol，说明在重量增加段DMMP20%和磷酸二氢钠20%对多伦样品的抑制作用明显。在受热分解阶段，不同阻化剂间的活化能差别相差不是很大，CEPPA15%的活化能稍高于其他阻化剂，说明此时其活化能最高，反应速率最低，样品最不易自燃，但该阻化剂在重量增加段的活化能值过低，所以并不是多伦煤样选取的最佳的阻化剂。综合分析两个阶段的活化能的数值，磷酸二氢钠20%阻燃剂活化能较高，是多伦样品阻燃效果最有效的抑制剂。

按照上述相同的计算方法，分别计算出金川、钱家营、东欢坨煤样相应的动力学参数，具体参数数值见表6-8。

表 6-8　金川抑制样的动力学参数

金川阻化煤样 阻化剂质量分数	吸氧增重阶段 活化能 $E/kJ \cdot mol^{-1}$	吸氧增重阶段 相关系数 R	受热分解阶段 活化能 $E/kJ \cdot mol^{-1}$	受热分解阶段 相关系数 R
DMMP20%	164.8482	0.99484	131.3174	0.99162
CEPPA20%	150.3495	0.98031	143.5196	0.98792
磷酸二氢钠20%	164.2007	0.98432	159.4417	0.98579
磷酸三钠20%	145.0409	0.98308	162.0203	0.97654

对于金川煤样，在吸氧增重阶段的数值普遍很高，相比于其他煤样，这也许跟金川长焰煤的煤体性质有关，其变质程度稍高，固定碳含量很高，在吸氧增重阶段需要相对较高的能量才能发生氧化反应，样品性质相对稳定，且在自热的初期，不易自燃。吸氧增重阶段 DMMP20% 和磷酸二氢钠 20% 的抑制剂对金川样品抑制作用明显，在受热分解阶段磷酸二氢钠 20% 和磷酸三钠 20% 的抑制剂的抑制作用较好，综合两个阶段的活化能数值分析，磷酸二氢钠 20% 对金川煤样具有较好的阻燃效果。

如表 6-9 中动力学参数所示，钱家营煤样在增重和分解两个阶段的活化能差别不是很大，在重量增加段加入 20% 的 DMMP 活化能数值要大于其他浓度抑制剂，而在受热分解阶段磷酸三钠 20% 的数值稍高于其他阻化煤样，且通过曲线线性拟合的相关系数 R 的数值较接近于 1，可知其分别在重量增加段和热分解段的相关度较高，几乎近似于直线，拟合程度极高，准确性强。综合上述对活化能数值的分析，对于钱家营样品而言，20% 的 DMMP 和 20% 磷酸三钠的整体上抑制作用几乎是相同的，仅是前者对煤样的吸氧增重阶段的抑制效果更显著一些，后者对煤样的受热分解阶段的抑制效果更显著些。

表 6-9　钱家营抑制样的动力学参数

钱家营阻化煤样 阻化剂质量分数	吸氧增重阶段 活化能 $E/kJ \cdot mol^{-1}$	吸氧增重阶段 相关系数 R	受热分解阶段 活化能 $E/kJ \cdot mol^{-1}$	受热分解阶段 相关系数 R
DMMP20%	152.6034	0.98769	140.9566	0.98891
CEPPA20%	141.1768	0.98500	135.0091	0.98867
磷酸二氢钠20%	133.9242	0.98171	157.5915	0.96919
磷酸三钠20%	136.0761	0.98113	159.3570	0.97204

如表 6-10 为东欢坨样品的动力学参数，通过表中数据可知在重量增加段的活化能均小于热分解段，且磷酸二氢钠 20% 的抑制剂在热分解段的活化能明显高于其他阻化剂的反应阶段的活化能 19.4318~35.6238kJ/mol，说明煤样在该阶段需要更高的活化能才能参与氧化反应，相比其他，最难发生自燃，磷酸二氢钠 20% 抑制剂对样品的抑制自燃的作用最明显。

表 6-10　东欢坨抑制样的动力学参数

东欢坨阻化煤样阻化剂质量分数	吸氧增重阶段活化能 $E/kJ \cdot mol^{-1}$	吸氧增重阶段相关系数 R	受热分解阶段活化能 $E/kJ \cdot mol^{-1}$	受热分解阶段相关系数 R
DMMP20%	141.8593	0.99005	146.4378	0.99140
CEPPA20%	122.5089	0.97909	150.5340	0.99294
磷酸二氢钠 20%	139.2185	0.95032	182.0616	0.97678
磷酸三钠 20%	127.6502	0.98778	162.6298	0.97953

而在吸氧增重的阶段，磷酸二氢钠20%阻化剂的活化能数值依旧很高，综合这两个阶段来看，对于东欢坨煤样抑制氧化自燃最好的就是磷酸二氢钠20%阻化剂。

纵观4种样品加入不同抑制剂的活化能，在重量增加段有机磷DMMP20%抑制剂对4种样品的反应活化能均高于其他抑制剂，而对于多伦、金川两个煤样无机磷磷酸二氢钠20%阻化剂活化能同样高于其他，然而在受热分解阶段，多伦煤样加入有机磷CEPPA15%的活化能最高，另外三种煤样则被无机磷系化合物阻燃后的活化能远高于被有机磷系化合物作用后的效果，且磷酸二氢钠20%对东欢坨煤样抑制效果佳，磷酸三钠20%对金川、钱家营煤样在反应阶段活化能最高，反应速率最低，煤样最不易自燃。各抑制样为实验优选出的对原样具有一定抑制作用的抑制样，且各阻化煤样活化能对比原煤增大了很多，反应速率下降，煤样不易自燃。从煤燃烧动力学角度分析，抑制剂对煤自燃有抑制作用，具有阻燃作用[69,73]。

⑦ 小　结

本书介绍了采用亚磷酸钠、磷酸二氢钠、磷酸三钠和磷酸铝4种无机磷化合物和苯基次膦酸、甲基膦酸二甲酯、2-羧乙基苯基次膦酸3种有机磷化合物进行煤阻化实验过程，以及由实验确定的各阻化剂的阻化率，从宏观上分析了含磷化合物对煤自燃的阻化作用；结合傅里叶变换红外光谱实验，从微观上研究了含磷化合物在煤自燃氧化阻化过程中活性基团变化规律；最后通过同步热分析实验，分析了阻化前后煤样的热特性曲线变化，阐述了含磷化合物抑制煤自燃氧化热动力学，通过计算活化能数值，运用动力学方法比较每种阻燃剂间的阻燃抑制效果的优劣及其变化规律。分析了煤自燃整个过程中含磷化合物的阻化机理。

7.1　无机磷化合物对煤氧化阻化作用

本书选取了次亚磷酸钠、磷酸二氢钠、磷酸三钠和磷酸铝4种无机磷化合物，对应制得15%、17%、20%浓度的无机磷化合物阻化液，加入原煤样中形成阻化煤样。采用程序升温-气相色谱联用实验装置，对烟煤中变质程度存在差异的肥煤和气煤煤样进行阻化实验，通过实验测得了煤炭氧化自燃整个过程指标气体释出量，得到了相应的曲线图，并计算了对应阻化率值，从宏观角度分析无机磷化合物对煤自燃的阻化作用。不同浓度4种无机磷化合物在煤氧化自燃过程中起到了不同程度得阻化作用，阻化规律也不尽相同。对于肥煤而言，15%浓度磷酸二氢钠阻化的效果最明显；而对于气煤则以浓度15%磷酸三钠阻化效果最明显。

通过分析实验数据，无机磷化合物在延缓煤自燃方面效果还是很显著的。无机磷化合物具有很强的吸湿保水性，初期会在煤体的表面构成一张液膜，很大程度上减小了煤跟氧分子的接触面积，同时也降低了温度，减慢了煤氧复合反应进程，从而延缓阻止了煤炭的氧化。

7.2　有机磷化合物对煤氧化阻化作用

本书选取苯基次膦酸、2-羧乙基苯基次膦酸（CEPPA）、甲基膦酸二甲酯（DMMP）作为实验用阻化剂，对煤样进行处理后，通过程序升温实验与气相色谱联用对煤样的自燃特性进行测试，并和原煤样进行对比分析，通过CO指标气体变化规律，指示阻化剂的阻化效果和阻化特性，并计算阻化率。由阻化率随温度的变化曲线可知，对同一种煤，不同阻化剂对煤的阻化率是不同的；对不同种类的煤，同种阻化剂对煤的阻化率也是不同的。

经 8%DMMP 处理煤样的阻化率曲线在其他两个阻化剂处理煤样的上方，且阻化率基本在 50%以上。随着温度的不断升高，经 30%苯基次膦酸、10%CEPPA 处理的阻化煤样的阻化率整体呈上升的趋势。经 8%DMMP 处理的阻化煤样的阻化率呈下降的趋势。最佳浓度的 3 种阻化剂对钱家营肥煤煤阻化效果最好的是 8%DMMP，阻化率达到了 56.45%。由不同阻化剂处理东欢坨气煤煤样的平均阻化率计算可知，30%苯基次膦酸处理的煤样的阻化效果最好，达到了 72.94%。

7.3 无机磷化合物煤自燃阻化过程中活性基团变化

本书采用傅里叶变换红外光谱仪实验，通过对红外光谱图对不同温度下原煤样及其添加了无机磷化合物的阻化煤样中的活性基团的变化规律进行分析。对于肥煤煤样，选取了浓度 20%的次亚磷酸钠、15%的磷酸二氢钠、17%的磷酸三钠和 15%的磷酸铝；对于气煤煤样，则选出了浓度为 20%的次亚磷酸钠、20%的磷酸二氢钠、15%的磷酸三钠以及 20%磷酸铝。

具有亲水性的次亚磷酸盐及磷酸盐，低温阶段可吸收外界的水分，因为水分子是极性分子振动幅度较大，所以羟基（—OH）谱峰强度增大，并且本身含有结晶水的无机磷阻化剂表现更为强烈。煤低温氧化整个过程里，脂肪烃起到了关键作用。加入无机磷阻化剂后随温度上升，无机磷化合物分解产生的根离子可与脂肪烃中甲基、亚甲基的 H 相结合，生成还原性酸，进而延缓了甲基、亚甲基被氧化的进程。结合程序升温实验，分析可知煤分子结构中脂肪烃数量降低是引起气态烯烃及烷烃产出的原因。

随着温度的升高，含氧官能团的活泼性质越发明显，当温度达到 160℃之后，C—O 裂解破坏发生氧化，吸光度下降并伴随热量的放出。含氧官能团峰值先增强后减弱且增速度很快，而其他官能团峰值会随氧化温度的升高而呈现下降的趋势。结合程序升温实验分析，解释了 160℃时 CO 气体的含量会剧烈提升的缘由。无机磷化合物阻化剂的加入会与煤分子表面官能团反应，减缓其氧化。

7.4 有机磷化合物煤自燃阻化过程中活性基团变化

对两种煤样的优选的有机磷浓度的阻化煤样进行红外光谱分析，肥煤：30%（质量分数）苯基次膦酸、10%（质量分数）CEPPA、8%（体积分数）DMMP；气煤：30%（质量分数）苯基次膦酸、8%（质量分数）CEPPA、15%（体积分数）DMMP。

在煤样自燃氧化初期，阻化煤样的羟基官能团与原煤样的羟基官能团吸收峰变化趋势基本上差不多，可能这一阶段的羟基转化生成了水；在煤样自燃氧化后期，阻化煤样的羟基含量低于原煤样的羟基含量，可能是因为一部分转化成了水，一部分被有机磷化合物在受热的情况下分解的小分子组分 PO· 和 HPO 捕捉，导致其含量下降。从整体上来说，羟基在整个煤样低温氧化过程中，其含量是逐渐下降的。煤样中羟基含量的下降，一方面减少了向 R—CHO 和 R—CH$_2$CHO 的转化，进而减少了 CO 的产生量；另一方面减少了 R—CHO 和 R—CH$_2$CHO 在氧分子的攻击下向 R—COOH 和 R—CH$_2$COOH 的转化，从而减少了 CO$_2$ 的生成量，抑制了煤氧复合反应的进行，达到了一定的阻化效果。

7.5　煤自燃阻化过程中热特性及热动力学计算

通过分析煤自燃阻化过程中热特性及热动力学计算，进一步揭示磷系化合物对煤自燃的阻化特性及阻化机理。实验采用同步热分析仪，对褐煤、长焰煤、肥煤和气煤 4 种不同变质程度的煤样进行热重分析，确定煤自燃过程特征温度点。选用无机磷抑制剂甲基膦酸二甲酯（DMMP）和 2-羧乙基苯基次磷酸（CEPPA）与无机磷抑制剂磷酸二氢钠和磷酸三钠作为实验用阻化剂，通过热特性分析对各煤样阻化特性。

通过同步热分析仪测得实验样品 TG 和 DTG 曲线，依据特征温度点变化规律，加入磷系化合物阻燃剂实验样品热特性曲线发生的不同程度的推移，各特征温度点也不断后移，温度值不断升高，煤样越难发生自燃，进而推断磷系化合物阻化剂有效地抑制了煤样的氧化自燃反应。

通过热动力学的方法进行分析计算，并求解出相应样品在吸氧增重段和热分解段的活化能 E 的数值，比较不同阻化剂间相同阶段的反应活化能 E 数值的大小，根据 E 和反应速率成反比，煤分子越容易达到活化状态，煤样则较易发生氧化自燃反应，进而分析磷系化合物对煤自燃的阻化机理，并找出抑制作用较好的磷系阻化剂。

参 考 文 献

[1] 谢锋承. 阻化剂抑制煤自燃的实验研究 [D]. 焦作：河南理工大学，2011.

[2] 杨锦飞，丁海嵘. 磷系阻燃剂的现状与展望 [J]. 江苏化工，1999，27 (6)：1-6.

[3] 许满贵，徐精彩，文虎，等. 煤矿内因火灾防治技术研究现状 [J]. 西安科技学报，2001，21 (1)：4-7.

[4] Lopez D. Effect of low-temperature oxidation of coal on thdrogen-transfer capability [J]. Fuel, 1998, 77 (14)：1623-1628.

[5] Wang H. Theoretical analysis of reaction regimes in low-temperature oxidation of coal [J]. Fuel, 1999, 78 (9)：1073-1081.

[6] 邓军，徐精彩，李莉，等. 不同氧气浓度煤样耗氧特性实验研究 [J]. 湘潭矿业学院学报，2001. 2 (16)：12-18.

[7] 余明高，黄之聪，岳超平. 煤最短自然发火期解算数学模型 [J]. 煤炭学报，2001，5 (26)：516-519.

[8] 李增华，位爱竹，杨永良. 煤炭自燃自由基反应的电子自旋共振实验研究 [J]. 中国矿业大学学报，2006，35 (5)：576-580.

[9] Beamish B B, George J D, Barakat M A, et al. Kinetic parameters associated with self-heating of New Zealand coals under adiabatic conditions [J]. Mineralogical Magazine, 2003, 67 (4)：665-670.

[10] Beamish B B, Lau A G, Moodie A L, et al. Assessing the self-heating behavior of Callide coal using a 2-meter column [J]. Journal of Loss Prevention in the Process Industries, 2002, 15 (5)：385-390.

[11] Benfell K E, Beamish B B, Rodgers K A. Aspects of combustion behavior of coals from some New Zealand lignite coal regions deter mined by thermo-gravimetry [J]. Thermochimica Acta, 1997, 297 (1)：79-84.

[12] 孙艳秋. 煤炭自燃的阻化改性研究 [D]. 阜新：辽宁工程技术大学，2008.

[13] 黄庠永，姜秀民，张超群，等. 颗粒粒径对煤表面羟基官能团的影响 [J]. 燃烧科学与技术，2009，15 (5)：457-460.

[14] 李林，Beamish B B，姜德义. 煤自然活化反应理论 [J]. 煤炭学报，2009，34 (4)：505-508.

[15] 陆伟，胡千庭，仲晓星，等. 煤自燃逐步自活化反应理论 [J]. 中国矿业大学学报，2007，36 (1)：111-115.

[16] 高思源，李增华，杨永良，等. 煤低温氧化活化能与温度关系实验 [J]. 煤矿安全，2011，42 (7)：23-27.

[17] 戚绪尧. 煤中活性基团的氧化及自反应过程 [D]. 北京：中国矿业大学，2011.

[18] 文虎，鲁军辉，李青蔚，等. 不同低变质煤自然升温特性参数实验研究 [J]. 煤炭工程，2015，47 (7)：97-100.

[19] 张嬿妮. 煤氧化自燃微观特征及其宏观表征研究 [D]. 西安：西安科技大学，2012.

[20] 刘乔，王德明，仲晓星，等．基于程序升温的煤层自然发火指标气体测试［J］．辽宁工程技术大学学报，2013，32（3）：362-366.

[21] 王德明，辛海会，戚绪尧，等．煤自燃中的各种基元反应及相互关系：煤氧化动力学理论及应用［J］．煤炭学报，2014，39（8）：1667-1674.

[22] Garcla P. The use of differential scanning calorimetry to identify coals suseeptible to spontaneous eombustion［J］. Thermoehimiea Acta, 1999, 336 (1-2)：41-46.

[23] Wang H, Dlugogorski B Z, Kennedy E M. Analysis of the mechanism of the low-temperature oxidation of coal［J］. Combust Flame, 2003, 134 (1-2)：107-117.

[24] 王继仁，邓存宝．煤微观结构与组分量质差异自燃理论［J］．煤炭学报，2007，32（12）：1291-1296.

[25] Beamish B B, Barakat M A, George J D, et al. Adiabatic testing procedures for determining the self-heating propensity of coal and sample aging effects［J］. Thermochimica Acta, 2000, 362（1）：79-87.

[26] Ren T X, Edwards J S, Clarke D, et al. Adiabatic oxidation study on the propensity of pulverized coals to spontaneous combustion［J］. Fuel, 1999, 78 (4)：1611-1620.

[27] 王卫国，刘士春，鲍杰．煤自燃阻化机理及物理化学复配阻化技术［J］．能源技术与管理，2009.

[28] Smith R H. Inhibiting spontaneous combustion of coal char［P］. US Patent 4199325, 1980.

[29] Smith A C, Miron Y, Lazzara C P. Inhibition of spontaneous combustion of coal［J］. US Bureau of Mines, 1988.

[30] Yukihiro Adachi, Hitoshi Sugawara. Inhibitor for inhibiting carbonaceous powder from heating up/spontaneously igniting［P］. US patent 0069149, 2003.

[31] 杨运良，于水军，张如意，等．防止煤炭自燃的新型阻化剂研究［J］．煤炭学报，1999，24（2）：163-166.

[32] 彭本信．煤的自然发火阻化剂及其阻化机理［J］．煤炭学报，2013，27（1）：32-35.

[33] 高玉坤，黄志安，张英华，等．碳酸氢盐阻化剂抑制遗煤自燃机理的实验研究［J］．矿业研究与开发，2012，32（1）：64-68.

[34] 司卫彬，王德明，曹凯．综放采空区煤自燃阻化泡沫防治技术研究［J］．煤炭技术，2015，36（10）：201-203.

[35] 陈晓坤，宋先明，等．冷气溶胶阻化技术在煤自燃防治中的应用探讨［J］．煤矿安全，2011，42（4）：134-136.

[36] 马超．高倍微胶囊阻化剂泡沫防灭火技术在煤矿的应用［J］．煤矿安全，2010.

[37] 肖辉，杜翠凤．新型高聚物阻化剂的阻化效果研究［J］．工业安全与环保，2006，32（3）：6-8.

[38] 王亚敏．防止煤炭自燃的化学阻化剂的实验结果研究［J］．煤炭技术，2014，33（2）：183-185.

[39] 文虎，吴慷，曹旭光，等．预防高地温深井煤自燃的阻化惰泡防灭火技术［J］．煤炭科学技术，2014，42（9）：108-111.

[40] 王雪峰，邓汉忠，邓存宝，等．煤自燃阻化剂选择及喷洒工艺研究 [J]．中国安全科学学报，2013，23（10）：105-109.

[41] 邓军，吴会平，宋先明，等．煤自燃阻化剂雾化性能实验研究 [J]．煤矿安全，2012，（5）：15-18.

[42] 杨光．煤自燃阻化剂的应用现状及发展趋势 [J]．山西煤炭，2014，34（2）：38-40.

[43] Tondi G，Haurie L，Wieland S，et al. Comparison of disodium octaborate tetrahydrate-based and tanninboron-based formulations as fire retardant for wood structures [J]. Fire Materials，2015，38（3）：381-390.

[44] Tan Y，Shao Z B，Chen X F，et al. Novel multifunctional organic inorganic hybrid curingagent with high flame-retardant efficiency for epoxy resin [J]. Acs Applied Materials &Interfaces，2015，（7）：17919-17928.

[45] Jiao C M，Zhang C J，Dong J，et al. Combustion behavior and thermal pyrolysis kinetics of flame-retardant epoxy composites based on organic-inorganic intumescent flame retardant [J]. Journal of Thermal Analysis and Calorimetry，2015，（119）：1759-1767.

[46] Ding P，Kang B，Zhang J，et al. Phosphorus-containing flame retardant modified layered double hydroxides and their applications on polylactide film with good transparency [J]. Journal of Colloid and Interface Science，2015，440：46-52.

[47] Ou Y X，Zhong L，Liu J Q，et al. Halogem-free inherent flame retardant epoxy resin [J].Polymer Materials Science & Engineering，2006，22（5）：240-243.

[48] Chen H B，Zhang Y，Chen L，et al. A main-chain phosphorus-containing poly（trimethylene terephthalate）copolyester：synthesis，characterization，and flame retardance [J]. Polymers Advanced Technologies，2012，23：1276-1282.

[49] Kim M J，Jeon I Y，Seo J M，et al. Graphene phosphonic acidas an efficient flame retardant [J]. Acs Nano，2014，8（3）：2820-2825.

[50] Zhao B，Chen L，Long J W，et al. Synergistic effect between aluminum hypophosphite and alkyl Substituted phosphinate in flame-retarded polyamide 6 [J]. Industrial & Engineering Chemistry Research，2013，52：17162-17170.

[51] 李兵．浅析磷系阻燃剂的机理及应用进展 [J]．化学工程与装备，2010，（11）：122-123，93.

[52] 杨敏芬．有机磷系阻燃剂的合成及其在尼龙中的应用 [D]．杭州：浙江理工大学，2016.

[53] Duquesne S，Lefebvre J，Seeley G，et al. Vinyl acetate/butyl acrylate copolymers part 2：fire retardancy using phosphorus-containing additives and monomers [J]. Polym Degrad Stab，2004，85（2）：883-892. .

[54] Laoutid F，Ferry L，Lopez J M，et al. Red Phosphorus/aluminium oxide compositions as flame retardants in recycled poly（ethylene terephthalate）[J]. Polym Degrad Stab，2003，82（2）：357-363. .

[55] 张亨，张汉宇．微胶囊红磷阻燃剂制备研究进展 [J]．上海化工，2013，38（2）：33-36.

[56] Chang S，Zeng C，Yuan W，et al. Preparation and Charac-terization of Double-layered Micro-encapsulated Red Phos-phorus and its Flame Retardance in Poly（lactic Acid）[J]. Journal of

Applied Polymer Science, 2012, 125 (4): 3014-3022.

［57］程沧沧, 薛书湘, 胡德文. 无机化合物热稳定性的热力学讨论［J］. 江汉大学学报 (自然科学版), 2000, 6: 45-50.

［58］郑兰芳. 抑制煤氧化自燃的盐类阻化剂性能分析［J］. 煤炭科学技术, 2010, 38 (5): 70-72.

［59］杨丰科, 任姗, 孟彩云. 含磷阻燃剂的应用研究进展［J］. 应用化工, 2010, 39 (3): 424-426.

［60］Wilkie Charles A, Morgan Alexander B. Fire Retardancy of Polymeric Materials［M］. USA Boca Raton: CRC Press Inc, 2009.

［61］代培刚, 刘志鹏, 陈英杰, 等. 无机阻燃剂发展现状［J］. 广东化工, 2008, 35 (7): 62-64.

［62］李兵. 浅析磷系阻燃剂的机理及应用进展［J］. 化学工程与装备, 2010 (11): 93, 122-123.

［63］王福生, 刘颖健, 高东, 等. 煤自燃过程中自由基与指标气体释放规律［J］, 煤炭科学技术, 2016, 44 (z): 72-74.

［64］王福生, 艾晴雪, 赵雪琪. 无机磷化合物对煤自燃的阻化作用研究［J］. 中国安全生产科学技术, 2017, 13 (9): 101-108.

［65］王福生, 位咏, 李晔. 有机磷系阻燃剂对煤自然发火的阻化研究［J］. 煤矿安全, 2018, 49 (4): 16-24.

［66］王福生, 王建涛. 煤自燃预测预报多参数指标体系研究［J］. 中国安全生产科学技术, 2018, 14 (6): 45-51.

［67］侯欣然, 王福生, 郭立稳. 磷系阻化剂抑制煤自燃的试验研究［J］. 煤矿安全, 2018, 49 (5): 35-39.

［68］董宪伟, 温志超, 王福生, 等. 基于电子顺磁共振的煤自燃阻化剂实验研究［J］. 中国科技论文, 2017, 12 (21): 2469-2473.

［69］董宪伟, 艾晴雪, 王福生, 等. 煤氧化阻化过程中的热特性研究［J］. 中国安全生产科学技术, 2016, 12 (4): 70-75.

［70］董宪伟, 艾晴雪, 王福生, 等. 次磷酸盐阻化剂对煤结构中活性基团变化规律的影响［J］. 煤炭科学技术, 2016, 44 (9): 43-47.

［71］Wang F S, Zhao X Q, Guo L W. Research on the regularity of CO releasing in the process of spontaneous combustion oxidation of coal in Linnancang Mine［C］. 2016 International Conference on Mechanical Manufacturing and Energy Engineering, 2016.

［72］Qing X A, W F S, G A H. Synthesis and structural characterization of calcium hypophosphite［C］. 4th International Conference on Energy, Environment and Sustainable Development, 2016.

［73］边金鼎, 王福生, 董宪伟, 等. 无机磷化合物对煤氧化的阻化规律研究［J］. 煤炭技术, 2018, 37 (12): 158-160.